浙江省普通高校"十三五"
新 形 态 教 材

U0120901

Photoshop
产品设计表现

钱小微　胡朝朝

编著

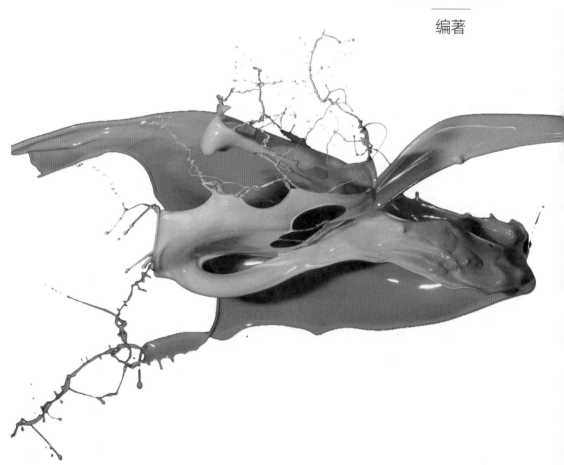

中国轻工业出版社

图书在版编目（CIP）数据

Photoshop产品设计表现 / 钱小微，胡朝朝编著
. —北京：中国轻工业出版社，2023.5
ISBN 978-7-5184-4390-1

Ⅰ.①P… Ⅱ.①钱… ②胡… Ⅲ.①产品设计—计算机辅助设计—图像处理软件 Ⅳ.①TB472-39

中国国家版本馆CIP数据核字（2023）第046124号

责任编辑：陈　萍　　责任终审：李建华　　整体设计：锋尚设计
策划编辑：陈　萍　　责任校对：朱燕春　　责任监印：张　可

出版发行：中国轻工业出版社（北京东长安街6号，邮编：100740）
印　　刷：艺堂印刷（天津）有限公司
经　　销：各地新华书店
版　　次：2023年5月第1版第1次印刷
开　　本：787×1092　1/16　印张：15
字　　数：320千字
书　　号：ISBN 978-7-5184-4390-1　定价：68.00元
邮购电话：010-65241695
发行电话：010-85119835　传真：85113293
网　　址：http://www.chlip.com.cn
Email:club@chlip.com.cn
如发现图书残缺请与我社邮购联系调换
210080J2X101ZBW

前　言

　　Photoshop是Adobe公司推出的一款功能强大、操作灵活的图形图像处理软件，广泛应用于平面广告设计、产品设计、网页设计、照片处理等。对于产品设计领域的设计师而言，Photoshop能高效地表现设计者的创意、风格和想法，是必须掌握的基础设计软件。

　　目前，市场上专注于产品造型设计领域的Photoshop书籍仍十分有限，且在内容的编排上忽视基础命令的讲解。本书为中国高水平专业群时尚轻工智造系列教材，既全面介绍了Photoshop的基本操作方法和图像处理技巧，又提供了丰富翔实的产品设计综合案例，是有志于从事产品设计领域软件初学者的较好选择。

　　本书第1～8章为基础操作讲解，介绍了Photoshop常用工具和命令的使用方法和技巧。具体内容包括：Photoshop操作基础、图层操作与图层样式、图像的选取、图像的绘制与修饰、图像的调整、通道与蒙版、文字与排版、滤镜。每章都有"练一练"，融入课程思政元素，运用本章介绍的知识和技能来完成对应的案例。读者通过案例的练习，能够进一步理解和掌握内容。

　　本书第9～12章为实战案例讲解，通过4个综合产品表现案例，提升读者的软件综合应用能力和产品表现能力。这4个案例分别为保温壶、水龙头、儿童磨石机和儿童种植盆。每个综合案例都配有课前探索包，内容包括绘制思路分析和操作视频，方便读者学习掌握。此外，每章的最后还有"案例小结及课后拓展训练"内容，帮助读者巩固和拓展所学的知识技能。本书还建有配套在线开放课程，可扫描二维码进入课程学习。

　　在本书的编排设计、案例挑选和制作上，作者倾注了大

素材库

智慧职教开放课程

量的心血。希望读者能从中获得灵感，掌握有价值的技巧和技能，创作出妙趣横生的优秀作品，实现美好的设计理想。

本书由钱小微组织编写，具体编写分工如下：第1～5章和第7章由胡朝朝编写，第8～10章由钱小微编写，第11～12章由史晓明编写，第6章由张桢编写。吴联凡、卢臻、黄梦君、陈云云等对本书的编写亦有贡献，特此感谢。同时，感谢奥光动漫股份有限公司提供真实项目案例。

笔者向所有关心和支持本书出版的人表示衷心的感谢。由于编者水平有限，书中难免有疏漏之处，恳请读者批评指正。

钱小微

目 录

1　Photoshop 操作基础

2 图层操作与图层样式

3 图像的选取

4　图像的绘制与修饰

5　图像的调整

6　通道与蒙版

7　文字与排版

8 滤镜

9 产品绘制表现：保温壶

10 产品绘制表现：水龙头

11 产品海报绘制：儿童磨石机

12 产品海报绘制：儿童种植盆

1

Photoshop
操作基础

🎯 教学目标

知识目标　1. 掌握图像处理的基本概念。
　　　　　　 2. 掌握Photoshop的打开文件、新建文件等基础
　　　　　　　　操作方法。
　　　　　　 3. 掌握图像查看、图像裁剪等基本操作方法。

能力目标　1. 能打开Photoshop软件，能设置界面，了解界
　　　　　　　　面各区域内容。
　　　　　　 2. 能使用Photoshop查看图像，能进行图像裁
　　　　　　　　剪、旋转等基础操作。

思政目标　掌握软件基本操作，为家中的长辈制作证件照，
　　　　　　　从而培养学生心怀感恩、孝敬长辈的传统美德。

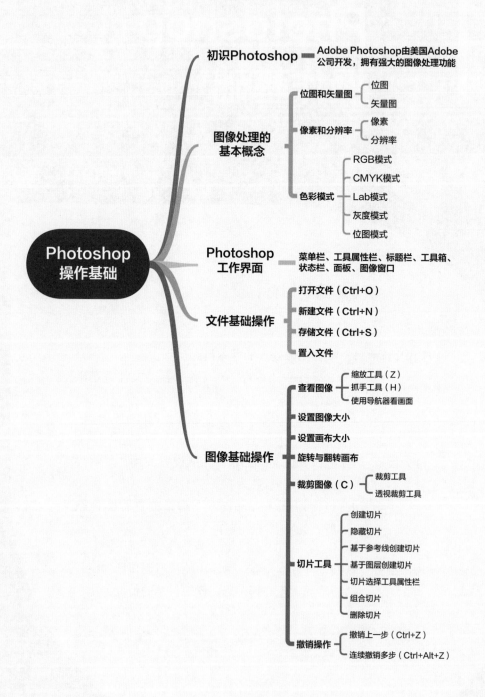

初识Photoshop ━━ Adobe Photoshop由美国Adobe
公司开发，拥有强大的图像处理功能

位图和矢量图 ┬ 位图
           └ 矢量图

图像处理的
基本概念

像素和分辨率 ┬ 像素
           └ 分辨率

RGB模式

CMYK模式

色彩模式 ─ Lab模式

灰度模式

位图模式

Photoshop ━━ 菜单栏、工具属性栏、标题栏、工具箱、
工作界面   状态栏、面板、图像窗口

Photoshop
操作基础

打开文件（Ctrl+O）

新建文件（Ctrl+N）

文件基础操作

存储文件（Ctrl+S）

置入文件

缩放工具（Z）
查看图像 ┬ 抓手工具（H）
        └ 使用导航器看画面

设置图像大小

设置画布大小

图像基础操作　旋转与翻转画布

裁剪图像（C）┬ 裁剪工具
            └ 透视裁剪工具

创建切片

隐藏切片

基于参考线创建切片

切片工具 ─ 基于图层创建切片

切片选择工具属性栏

组合切片

删除切片

撤销操作 ┬ 撤销上一步（Ctrl+Z）
        └ 连续撤销多步（Ctrl+Alt+Z）

1.1 初识 Photoshop

Adobe Photoshop（简称PS）是由美国Adobe公司开发和发行的一款图像处理软件。PS拥有强大的图像处理功能，广泛运用于平面广告设计、照片后期处理、产品绘制等领域，是全球较受欢迎的图像处理软件之一。

1.2 图像处理的基本概念

1.2.1 位图和矢量图

计算机图像有两种格式：位图和矢量图。

（1）**位图** 位图（图1-1）是由一系列像素点排列而成的图像。不同颜色的像素点组合在一起，能够表现出图像细腻柔和的阴影及颜色变化。位图图像的显示效果与分辨率有关，分辨率低的图像放大数倍后会出现马赛克（图1-2）。

（2）**矢量图** 矢量图（图1-3）是根据线条来绘制图形，线条清晰、流畅。由于矢量图是从数学的角度来定义线条和形状的，因此，无论放大多少倍，图形的边缘都是平滑的，图像品质不会降低。

矢量图的特点是放大后图像不会失真（图1-4），适用于图形设计、标志设计、版式设计等。但是矢量图的色彩过渡并不自然，难以实现逼真的图像效果。

图1-1　位图　　　　图1-2　位图放大　　　　　图1-3　矢量图　　　　　图1-4　矢量图放大

1.2.2 像素和分辨率

（1）**像素** 像素（Pixel）是位图图像中的最小单位。若把图像放大数倍，会发现图像由许多的小方点组成，这些小方点就是构成图像的最小单位"像素"。

（2）**分辨率** 图像分辨率是每单位英寸所包含的像素点数，包含的像素点数越多，分辨率越高，图像质量就越好。随着图像分辨率的提高和尺寸的增大，图像文件的存储容量也会随之变大。

1.2.3 色彩模式

在Photoshop中，颜色模式决定了图像的颜色数量、通道数量和文件大小。执行"文件>新建"命令，弹出新建对话框（图1-5），可以选择颜色模式，包括：RGB颜色、CMYK颜色、Lab颜色灰度模式、位图模式。对于现有的文件，可以使用"图像>模式"子菜单中的命令来转换颜色模式。除了前文提到的几种基本颜色模式外，子菜单中还提供了双色调、索引颜色、多通道等基于特殊色彩空间的颜色模式。

图1-5 新建文件-颜色模式

（1）**RGB模式** RGB模式是用红（R）、绿（G）、蓝（B）3种基色的组合来表示一种颜色。RGB模式是发光的色彩模式，适合电子显示屏幕，色彩丰富，但直接打印会有色差。

（2）**CMYK模式** CMYK模式是用青（C）、洋红（M）、黄（Y）、黑（K）4种颜色含量来表示一种颜色。CMYK模式是依靠反光的色彩模式，适用于彩色印刷品的设计。

（3）**Lab模式** 在Lab模式中，L代表亮度，范围是0（黑）~100（白），a分量（绿色–红色轴）和b分量（蓝色–黄色轴）的范围是+127至–128。

（4）**灰度模式** 灰度模式是使用256级灰度来表现图像的明暗变化，使图像的过渡更平滑细腻。灰度模式用单一色调表现图像，可将彩色图像转换为高品质的黑白图像。

（5）**位图模式** 位图模式仅含亮度信息，没有色彩信息，只有纯黑和纯白，没有处于中间的灰色。位图模式效果很特别，适合制作丝网印刷、艺术样式和单色图形。

1.3 Photoshop 工作界面

Photoshop 2021的工作界面大致分为七大模块，分别为菜单栏、工具属性栏、标题栏、工具箱、状态栏、面板和图像窗口。运行Photoshop 2021，打开文件，就可以看到如图1-6所示工作界面。

Photoshop的工作界面默认是黑色的，如果修改界面颜色，可以执行"编辑>首选项>界面"命令，打开"首选项"对话框进行设置，如图1-7所示。也可按Alt+Shift+F2（由深到浅）或Alt+Shift+F1（由浅到深）快捷键进行切换。

图1-6 Photoshop 2021界面

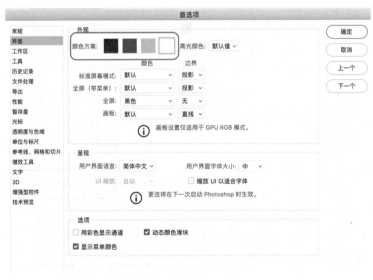

图1-7 设置界面颜色

（1）**菜单栏** 菜单栏如图1-8所示，通过运用菜单栏中的命令，可以完成Photoshop中的大部分操作。

Ps 文件(F) 编辑(E) 图像(I) 图层(L) 文字(Y) 选择(S) 滤镜(T) 3D(D) 视图(V) 扩展(P) 窗口(W) 帮助(H)

图1-8　菜单栏

（2）**工具箱** Photoshop拥有功能强大、内容丰富的工具箱，如图1-9所示，位于界面左侧的工具箱提供了70余种工具，按照用途可分为十类，分别如下：

①选择类工具。用于选择图层或图层中的像素。

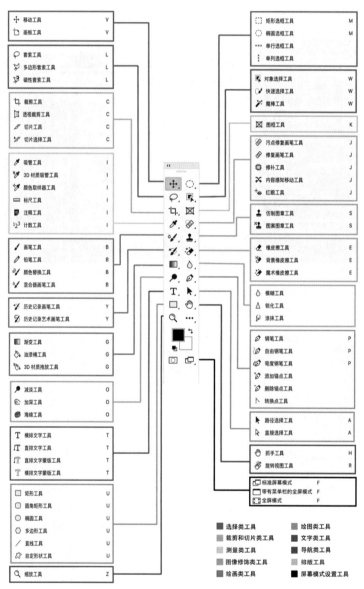

图1-9　工具箱

②裁剪和切片类工具。用于对图像进行裁剪或切片。

③测量类工具。用于吸取图层上的颜色或测量尺寸、注释、计数。

④绘画类工具。用于绘制图像。

⑤图像修饰类工具。用于修饰图像。

⑥绘图类工具。用于绘制矢量图案。

⑦文字类工具。用于输入文字。

⑧导航类工具。用于缩放和导航。

⑨排版工具。用于图片排版。

⑩屏幕模式设置工具。用于设置屏幕模式。

知识插播

重新配置工具箱

单击工具箱中的"…"按钮，或者执行"编辑>工具箱"命令，就能打开"自定义工具箱"对话框。对话框左侧列表是工具箱所包含的所有工具。将一个工具拖拽到右侧列表中，工具箱就会将这个工具隐藏（图1-10），需要单击"…"按钮才能找到隐藏的工具（图1-11）。想要取消隐藏，只要将工具拖回左侧列表即可。

图1-10　隐藏工具箱中的工具　　　　　图1-11　找到被隐藏的工具

（3）**工具属性栏**　单击工具箱中的一个工具后，工具属性栏就会显示相应的工具选项，以便对当前所选工具的参数进行设置。

（4）**面板** 面板默认位于工作界面的右侧，它们可以自由拆分、组合和移动。通过面板，可以对Photoshop图像的图层、通道、路径、历史记录、动作等进行操作。

（5）**状态栏** 状态栏位于界面的底部，呈现当前文件的显示比例、文件大小等内容。单击状态栏的 › 按钮，可以切换状态栏所展示的信息，如图1-12所示。

图1-12　状态栏展示的信息

1.4 文件基础操作

1.4.1 打开文件

Photoshop有以下几种打开文件的方式：

① 打开Photoshop 2021软件后，出现欢迎界面（图1-13）。单击最近使用项下方呈现的图片，可以打开最近打开过的文件。

图1-13　打开Photoshop 2021后出现的界面

② 单击欢迎界面中的"打开"按钮，会弹出"打开"对话框（图1-14），可以选择要打开的文件，单击对话框右下角的"打开"按钮即可。

③ 进入软件后，也可执行"文件>打开"命令，或按Ctrl+O组合键，调出"打开"对话框，选择要打开的文件。

如果在"打开"对话框同时选择多个文件，可以同时打开多个文件。但是默认情况下，文档窗口只展示一张画面，其他文档以标签的形式展现，单击标签可以切换不同的文档窗口（图1-15）。

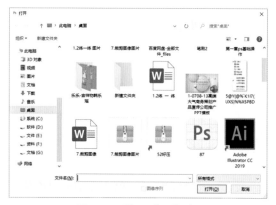

图1-14　"打开"对话框

如果想同时显示多个文档窗口，需要对窗口排列方式进行设置。执行"窗口>排列"命令，在子菜单中可以看到多种文档显示方式。例如想并排展示三张图片，可以选择"三联垂直"，如图1-16和图1-17所示。

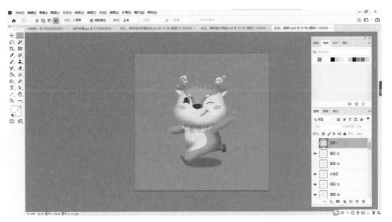

图1-15　文档窗口只展示一张画面

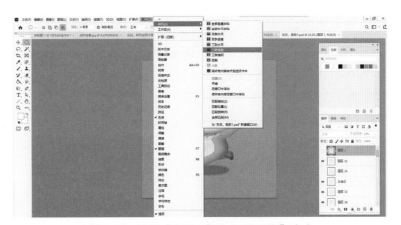

图1-16　执行"窗口>排列>三联垂直"命令

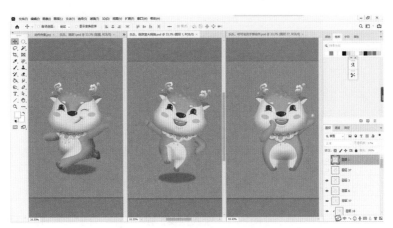

图1-17　"三联垂直"窗口排列效果

1.4.2 新建文件

在欢迎界面单击"新建"按钮，或在Photoshop中执行"文件>新建"命令（快捷键Ctrl+N），可以新建文件，弹出"新建"对话框。对话框上方一排选项卡，每一个都包含预设项目，方便新建常用尺寸的文档。例如，新建一个A4大小的文档，可以单击"打印"选项卡，然后选择A4预设，单击"创建"按钮即可，如图1-18所示。

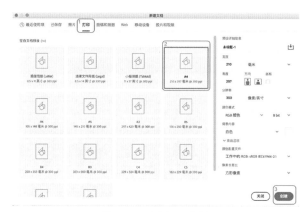

图1-18　新建A4文档

还可以按照自己需要的尺寸、分辨率、颜色模式创建文件，只要在对话框右侧的选项中进行设置即可，如图1-19所示。还可以把自己设置的文件保存为预设，以后创建相同的文件时，可以在"已保存"选项卡中找到并使用，如图1-20至图1-22所示。

图1-19　新建文档对话框

图1-20　单击"保存"
按钮保存预设

图1-21　输入预设名称

图1-22　在"已保存"
选项卡中找到保存的预设

知识插播

"新建文档"对话框选项

"新建文档"对话框右侧的文档属性可以根据需要进行设置，下面具体了解一下这些属性选项。

【未标题-1】默认名，待输入文件名称。

【宽度/高度】可以输入文件的宽度和高度，单位可以选择"像素""英寸""厘米""毫米""米""点""派卡"（1派卡=$\frac{1}{6}$英寸=12点）。

【方向】选择文档页面方向为纵向或横向。

【画板】选取后可以创建画板。

【分辨率】可输入文件的分辨率，单位可选择"像素/英寸"和"像素/厘米"。

【颜色模式】可以选择文件的颜色模式。

【背景内容】可以为背景图层选择颜色，背景图层默认为白色，也可选择"透明"选项，创建透明背景。

【高级选项】单击 〉按钮，可以显示隐藏的高级选项。"颜色配置文件"选项可以为文件指定颜色配置文件；"像素长宽比"选项可以修改像素的长宽比。但要注意，由于计算机显示器的系统是由方形像素组成的，所以除非特殊用途，否则都应选择"方形像素"。

1.4.3 存储文件

执行"文件>保存"命令（快捷键Ctrl+S），可以保存文件。如果想将文件另存一份，可以执行"文件>存储为"命令。单击"保存在您的计算机上"，在弹出的对话框中设置文件名称，选择文件的保存格式和保存路径。

知识插播

文件的格式

Photoshop提供了众多文件格式，方便将图像文件保存或转换成不同格式。

【PSD格式】PSD格式（常用）是Photoshop软件的默认格式，是唯一支持Photoshop所有图像模式的格式。PSD格式会保存图层、通道、路径、参考线等信息，因此，PSD格式比其他格式的图像文件大得多。

【JPEG格式】JPEG格式（常用）是一种有损压缩的文件格式，文件比较小。JPEG格式支持CMYK模式、RGB模式、灰度模式，但不保存通道、路径和图层。

【GIF格式】GIF格式（常用）是一种十分通用的图像模式，文件小，适合网络上的图片传输。支持透明背景和动画，采用LZW无损压缩方式，压缩效果好。

【PDF格式】PDF格式是一种跨平台的通用文件格式，能够保存任何源文档的字体、格式、颜色和图形。PDF格式支持RGB、CMYK、索引、灰度、位图和Lab模式，不支持Alpha通道。

【PNG格式】PNG格式是为互联网开发的网络图像格式，是无损压缩格式。可以保存24位真彩色图像，有支持透明背景和消除锯齿边缘的功能。

【EPS格式】EPS文件可同时包含像素信息和矢量信息。支持剪切路径，支持Lab、CMYK、RGB、索引颜色、双色调、灰度、位图颜色模式，但不支持Alpha通道。

【TGA格式】TGA格式是一种通用性很强的真彩色图像文件格式。有16位、24位、32位等多种颜色深度可供选择，可以带有8位的Alpha通道，可以进行无损压缩。

【BMP格式】BMP格式是Windows操作系统中的标准图像文件格式，使用非常广泛。BMP格式支持RGB、索引颜色、灰度和位图颜色模式，但不支持Alpha通道。

【TIFF格式】TIFF格式是一种灵活的位图格式，支持RGB、CMYK、Lab、索引颜色、位图和灰度颜色模式，可以将图像中路径以外的部分在置入排版软件中时变为透明。

【PSB格式】PSB格式是Photoshop的大型文档格式，可支持高达300000像素的超大图像文件。它支持Photoshop的所有功能，但只能在Photoshop中打开。如果要创建一个2GB以上的PSD文件，可以使用该格式。

【Dicom格式】Dicom（医学数字成像和通信）格式通常用于传输和存储医学图像，如超声波和扫描图像。Dicom文件包含图像数据和标头，其中存储了有关病人和医学图像的信息。

【IFF格式】IFF（交换文件格式）是一种便携格式，它具有支持静止图片、声音、音乐、视频和文字数据的多种扩展名。

【PCX格式】PCX格式采用RLE无损压缩方式，支持24位、256色图像，适合保存索引和线稿模式的图像。

【Raw格式】Photoshop Raw是一种灵活的文件格式，用于在应用程序和计算机平台之间传输图像。该格式支持具有Alpha通道的CMYK、RGB和灰度模式，以及无Alpha通道的多通道、Lab、索引和双色调模式。以Photoshop Raw格式存储的文件可以为任意像素大小，不足之处是不支持图层。

【Pixar格式】Pixar是专为高端图形应用程序设计的软件格式，多用于渲染3D图像和动画应用程序。它支持具有Alpha通道的RGB和灰度图像。

【PBM格式】PBM便携位图文件格式支持单色位图，用于无损文件传输。许多都支持该格式，甚至可在简单的文件编辑器中创建或编辑此类文件。

【Scitex格式】Scitex格式用于Scitex计算机上的高端图像处理。它支持CMYK、RGB和灰度图像，不支持Alpha通道。

【MPO格式】MPO是3D图像使用的文件格式。

1.4.4 置入文件

打开Photoshop软件，新建一个空白图像，将图片直接拖动到图像窗口，即可置入图片，如图1-23所示。如不需要修改置入图像的大小，可以按Enter键，则图像中的方框消失；如需要修改置入图像的大小，拖动鼠标，方框大小随之改变，待调整到合适大小再按Enter键，完成置入。

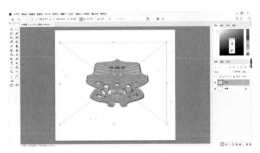

图1-23　置入图片

1.5　图像基础操作

1.5.1 查看图像

（1）**缩放工具**　打开图片后，欲放大图像细节观看，需要用缩放工具 Q 放大图像。单击工具箱中的缩放工具 Q（快捷键Z），选择工具属性栏中的放大工具，然后用鼠标单击画面，图像就会放大。同理，选择缩小工具，用鼠标单击画面，图像就会缩小。按Alt键，可以在放大和缩小工具间自由切换。

值得注意的是，勾选工具属性栏中"细微缩放"选项（图1-24），用鼠标按住左键拖动，可以自由缩放画面。按住鼠标左键向右拖动可以放大画面，向左拖动可以缩小画面。这个功能非常好用，可以轻松观察特定的画面细节。

图1-24　缩放工具属性栏

工具属性栏中"100%"按钮，可将图片放大到100%尺寸，如图1-25所示。"适合屏幕"可将图片边缘紧贴屏幕边缘，最大化完整展示图片，如图1-26所示。"填充屏幕"能用图片填充整个屏幕区域，如图1-27所示。

（2）**抓手工具**　抓手工具 可以用于移动画面。如果配合快捷键，抓手工具还能完成缩放工具的所有操作。

选择抓手工具，按Alt键单击可以缩小图像，按Ctrl键单击可以放大窗口，放开快捷键拖拽鼠标可以移动画面。当缩放工具勾选了"细微缩放"选项时，按Alt或Ctrl键时，

图1-25　100%尺寸

图1-26　适合屏幕

抓手工具也可以像缩放工具一样，通过拖拽鼠标左右移动来控制缩放。

提示：还有一个值得学习的技巧，当使用其他工具时，只需按住键盘上的空格键，就可以切换成抓手工具，松开空格键，又可以切换回原来使用的工具。

抓手工具组下还有旋转视图工具，可以旋转图像，如图1-28和图1-29所示。如果要旋转特定角度，如30°、90°、180°，可以按住Shift键进行旋转。如果要恢复到原来的角度，单击工具属性栏中的"复位视图"即可，如图1-30所示。

（3）导航器　"导航器"面板包含了图像的缩览图和各种缩放工具。可以缩放图像，查看图像的特定区域。执行"窗口>导航器"

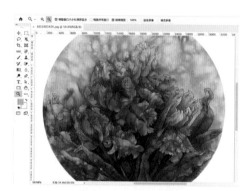

图1-27　填充屏幕

图1-28　抓手工具组-
旋转视图工具

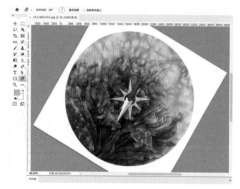

图1-29　旋转视图

图1-30　恢复原来的角度

命令，打开"导航器"面板。在"导航器"面板上，能够看到整幅图像，红色框内区域是窗口中显示的图像内容，如图1-31所示。在"导航器"面板中输入缩放的百分比数值，可以按特定比例缩放，也可滑动滑块缩放图像。

图1-31　使用导航器查看画面

1.5.2 设置图像大小

要改变图像的大小和分辨率，可执行"图像>图像大小"命令，弹出对话框，如图1-32所示。可对图像的宽度、高度和分辨率进行修改。需要注意的是，限制长宽比按钮图默认开启，改变宽度或高度的数值时，对应的高度或宽度随之改变，以保证画面等比缩放，不会扭曲变形。

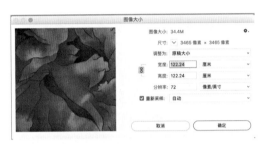

图1-32　设置图像大小对话框

1.5.3 设置画布大小

画布是编辑图像的工作区域，可以通过调整画布的尺寸来调整图像的大小。执行"图像>画布大小"命令可修改画布大小。放大画布时，图像四周会出现"画布扩展颜色"所设置的颜色，一般默认为背景色。缩小画布时，将会裁剪掉一部分图像。

需要注意的是，可以通过设置对话框中的"定位"来确定画布扩展或收缩的方向，如图1-33所示。

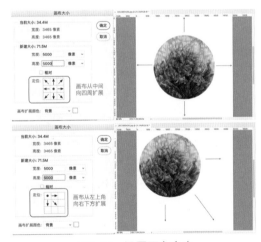

图1-33　设置画布大小

1.5.4 旋转与翻转画布

当图像需要旋转或翻转时，可以在菜单栏中执行"图像>图像旋转"命令，对图像进行旋转或翻转，如图1-34所示。旋转与翻转的具体效果如图1-35所示。

图1-34　图像旋转命令

图1-35　图像旋转效果

1.5.5 裁剪图像

裁剪工具组包括裁剪工具、透视裁剪工具、切片工具和切片选择工具，如图1-36所示。本节重点介绍裁剪工具和透视裁剪工具。

（1）**裁剪工具**　想要裁剪掉画面中的部分内容，最便捷的方法就是在工具箱中选择"裁剪工具"　，直接在画面中绘制出保留区域即可。如图1-37所示为该工具属性栏。

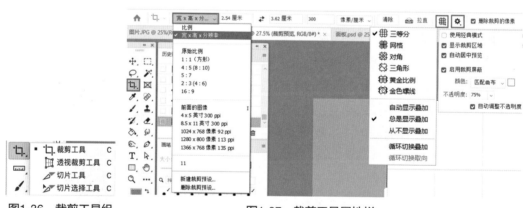

图1-36　裁剪工具组　　　　　　　　　　图1-37　裁剪工具属性栏

①裁剪图片。选择"裁剪工具"　，出现控制点（图1-38），拖动控制点到合适位置，单击属性栏中的"√"或者按Enter键，即可完成裁剪。

若要旋转裁剪框，可将光标放置在裁剪框外侧，当它变为带箭头的弧线时，按住鼠标左键拖动即可（图1-39），调整完成后按Enter键确认。

②放大画布。裁剪工具也能用于放大画布。当需要放大画布时，若在选项栏中勾选"内容识别"复选框，则会自动补全由于裁剪造成的画面局部空缺，如图1-40所示。若

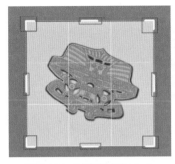

图1-38 调整裁剪框大小

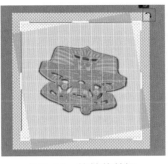

图1-39 旋转裁剪框

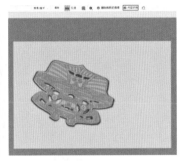

图1-40 勾选"内容识别"
放大画布

取消勾选该复选框，则无填充，如图1-41所示。

③设置裁剪比例。"比例"下拉列表 比例 ⌄ 用于
设置剪裁的约束方式。如果想要按照特定比例进行裁
剪，可以在该下拉列表中选择"比例"，输入比例数值，
如图1-42所示。如果想要按照特定的尺寸进行裁剪，则
可以在该下拉列表中选择"宽×高×分辨率"选项，在
右侧文本框中输入宽、高和分辨率的数值，如图1-43所
示。想要随意裁剪的时候则单击"清除"按钮，清除长
宽比。

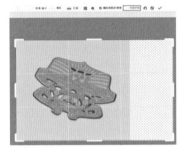

图1-41 不勾选"内容识别"
放大画布

图1-42 设置裁剪比例

图1-43 设置裁剪具体尺寸

④"拉直"按钮。在工具选项栏中单击"拉直" ⌷ 按钮，在图像上按住鼠标左键画
出一条直线，释放鼠标后，即可通过将这条线校正为直线来拉直图像，如图1-44和图
1-45所示。

⑤删除裁剪的像素。如果在工具选项栏中勾选"删除裁剪的像素"复选框，裁剪之
后会彻底删除裁剪框外部的像素数据，如图1-46所示。如果取消勾选该复选框，多余
的区域将处于隐藏状态，如图1-47所示。如果还想要还原到裁剪之前的画面，只需要
再次选择"裁剪工具"，然后随意操作，即可看到原文档。

（2）透视裁剪工具 想要将透视角度的图片调整回正常比例，可以选择"透视裁
剪工具"进行裁剪，例如发生透视扭曲的证件照片，无法直接打印使用。选择裁剪工具

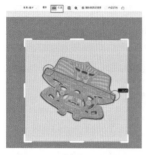

图1-44　拉出一条直线

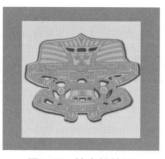

图1-45　拉直的效果

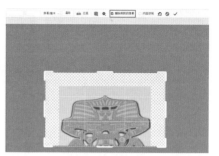

图1-46　勾选"删除裁剪的像素"

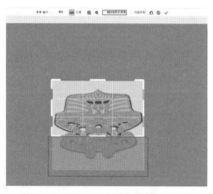

图1-47　不勾选"删除裁剪的像素"

图1-48　选择"透视裁剪工具"

图1-49　输入尺寸

图1-50　选中证件

图1-51　完成裁剪

组中的"透视裁剪工具"（图1-48），输入证件尺寸（图1-49），选中证件，调整四个角的位置（图1-50），单击"√"，则完成证件的透视调整，如图1-51所示。

1.5.6　切片工具

（1）创建切片　选择切片工具 ✐，在画面上按住鼠标左键拖拽出切片区域，放开鼠标，用户切片创建完成，如图1-52所示。用户切片区域有蓝色实线分割，左上角有蓝色角标。与此同时，用户切片之外的区域生成自动切片，左上角有灰色角标。

自动切片可以提升为用户切片。使用切片选择工具 ✄，点选切片，右击鼠标，在菜单栏中选择"提升到用户切片"即可，如图1-53所示。

图1-52　创建切片

图1-53　自动切片提升为用户切片

（2）**隐藏切片**　执行"视图>显示>切片"命令，可以隐藏或显示切片。

（3）**基于参考线创建切片**　打开素材，创建参考线，单击切片工具属性栏中的"基于参考线的切片"，则可一键创建切片，如图1-54所示。

（4）**基于图层创建切片**　打开素材，选中图层2，执行"图层>新建基于图层的切片"命令，新建的基于图层的切片包含该图层的所有像素，如图1-55所示。使用移动工具移动该图层时，切片区域会随之移动。

图1-54　基于参考线创建切片　　　　　图1-55　基于图层创建切片

（5）**切片选择工具属性栏**　切片选择工具 ✄ 属性栏（图1-56）可以调整切片堆叠顺序、对齐切片等。

图1-56　切片选择工具属性栏

①调整切片堆叠顺序。　置于顶层；　上移一层；　下移一层；　置于底层。

②提升。将自动切片或图层切片转换为用户切片。

③划分。可以打开"划分切片"对话框，将所选切片划分为若干块切片。

④对齐与分布切片。可以让切片按一定规则分布。

⑤隐藏自动切片。单击隐藏自动切片。

⑥设置切片选项　。单击按钮，可以设置切片的名称、类型，并制定URL地址等。

（6）**组合切片**　按住Shift键，使用切片选择工具选择需要合并的切片，鼠标右击执行"组合切片"命令（图1-57），则可将多块切片组合为一块切片。

图1-57　组合切片

（7）**删除切片**

①用切片选择工具选中切片，按Delete键即可删除切片。

②执行"视图>清除切片"命令，即可删除所有切片。

1.5.7　撤销操作

操作失误或者对操作效果不满意，可以执行"编辑>还原"命令（快捷键Ctrl+Z），撤销上一步操作。如果想连续撤销多步，可以执行"编辑>后退一步"命令（快捷键Ctrl+Alt+Z）。如果想文件恢复到最后一次保存时的状态，可以执行"文件>恢复"命令。此外，可以使用"历史记录"面板来撤销操作。执行"窗口>历史记录"命令，打开"历史记录"面板，如图1-58所示，可撤销到任意一步。

图1-58　历史记录面板

增加可撤销的步骤数目

默认情况下，Photoshop能够撤销20步历史操作，如果想要增加撤销步骤数目，可以执行"编辑>首选项>性能"命令，然后修改"历史记录状态"的数值即可，如图1-59所示。要注意的是，"历史记录状态"的数值设置过大，会占用更多的系统内存。

图1-59　设置"历史记录状态"数值

练一练　为长辈制作单寸照片

案例视频

案例背景

生活中，证件照是必不可少的，办理证件、报名参加活动等都会使用到。但是老年人可能因为行动不便、不愿意花钱等原因，平时很少拍摄证件照，等到需要照片时，就很不方便。所以本章的实战案例是为家中的老人们制作证件照。完成效果如图1-60所示。

制作思路

单寸照片的制作思路见表1-1。

图1-60　单寸证件照

表1-1　证件照制作思路

序号	步骤	绘制效果	所用工具及要点说明
1	打开照片		打开"素材01\证件照"
2	裁剪照片		使用裁剪工具将照片裁剪至合适的尺寸
3	添加照片边框		通过设置画布大小为照片添加边框
4	制作九宫格证件照	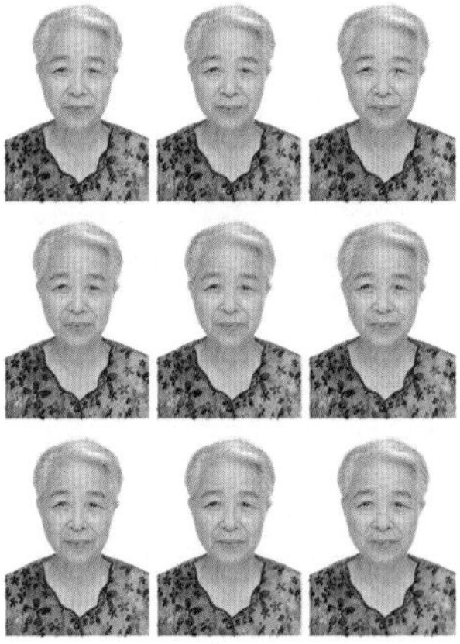	通过填充图案排列证件照

🔗 制作单寸照片的具体步骤

❶ 打开"素材01\证件照",如图1-61所示。

❷ 按标准一寸证件照的尺寸（2.5厘米×3.5厘米）与分辨率（300像素/英寸）裁剪照片。单击裁剪工具（图1-62），在属性栏的下拉菜单栏执行"大小和分辨率"命令（图1-63），设置对话框参数,宽2.5厘米,高3.5厘米,分辨率300像素/英寸,如图1-64所示。

❸ 调整裁剪框的大小，如图1-65所示。单击属性栏中的确定按钮☑，即完成裁剪，如图1-66所示。

❹ 为单寸照片添加白边。选中裁好的照片图层，选择"图层>新建>背景图层"，将照片设置为背景图层。执行"图像>画布大小"命令，勾选"相对"复选框，设置宽度与高度为0.15厘米，选择白色的扩展颜色，如图1-67所示，单击"确定"，完成单寸照，效果如图1-68所示。

❺ 制作九宫格证件照。选择"编辑>定义图案"（图1-69），填写图案名称，单击"确定"。选择"文件>新建>创建"，新建宽8厘米、高11厘米、分辨率300像素/英寸的文件（图1-70）。再单击"编辑>填充>图案"，填充自定义图案，如图1-71和图1-72所示，完成单寸照九宫格填充排列，效果如图1-73所示。

图1-61　打开素材

图1-62　选择剪裁工具　图1-63　选择大小和分辨率

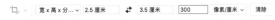

图1-64　设置剪裁图像大小和分辨率

图1-65　调整裁剪框大小

图1-66　完成单寸照裁剪

图1-67　设置画布大小

图1-68　完成单寸照

图1-69　定义图案

图1-70　新建文件

图1-71　选择填充

图1-72　填充图案

图1-73　完成图案填充

知识插播

常用证件照尺寸

证件类型	尺寸（分辨率：300 像素 / 英寸）
标准一寸（蓝/白/红底）	25.4毫米×36.2毫米
小一寸（驾照/一代身份证）	22毫米×32毫米
大一寸（普通护照）	33毫米×48毫米
第二代身份证	26毫米×32毫米
小二寸	35毫米×45毫米
大二寸	35毫米×98毫米

·☼· 案例小结

通过本案例的学习，对以下知识点、技能点有了更熟练的掌握：

- ☑ 能打开、新建、保存文件；
- ☑ 能对图片进行裁剪；
- ☑ 能定义图案；
- ☑ 能对图层进行图案填充。

2 图层操作与图层样式

⌛ 课时分配：4 课时

🎯 教学目标

知识目标 1. 掌握图层的概念和基本操作方法。
2. 掌握图层样式的使用方法。
3. 掌握图层变换与变形的方法。

能力目标 1. 能对图层进行各项操作，能使用图层样式等
工具。
2. 能通过设置图层样式绘制玻璃字效果海报。

思政目标 运用本章所学知识，绘制《中国梦》海报，树立
实现中华民族伟大复兴的崇高梦想，培养学生爱
国爱党情怀和匠心精益的精神。

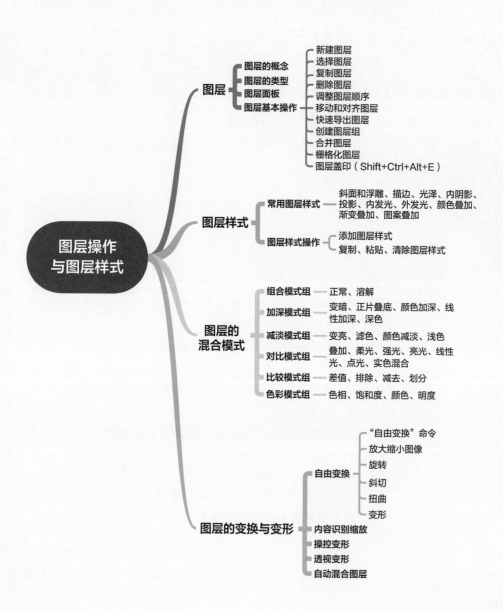

图层操作与图层样式

图层
- **图层的概念**
- **图层的类型**
- **图层面板**
- **图层基本操作**
  - 新建图层
  - 选择图层
  - 复制图层
  - 删除图层
  - 调整图层顺序
  - 移动和对齐图层
  - 快速导出图层
  - 创建图层组
  - 合并图层
  - 栅格化图层
  - 图层盖印（Shift+Ctrl+Alt+E）

图层样式
- **常用图层样式**
  - 斜面和浮雕、描边、光泽、内阴影、投影、内发光、外发光、颜色叠加、渐变叠加、图案叠加
- **图层样式操作**
  - 添加图层样式
  - 复制、粘贴、清除图层样式

图层的混合模式
- **组合模式组** —— 正常、溶解
- **加深模式组** —— 变暗、正片叠底、颜色加深、线性加深、深色
- **减淡模式组** —— 变亮、滤色、颜色减淡、浅色
- **对比模式组** —— 叠加、柔光、强光、亮光、线性光、点光、实色混合
- **比较模式组** —— 差值、排除、减去、划分
- **色彩模式组** —— 色相、饱和度、颜色、明度

图层的变换与变形
- **自由变换**
  - "自由变换"命令
  - 放大缩小图像
  - 旋转
  - 斜切
  - 扭曲
  - 变形
- **内容识别缩放**
- **操控变形**
- **透视变形**
- **自动混合图层**

2.1.1 图层的概念

图层在Photoshop中非常重要，Photoshop的工作原理就是一层一层叠加图像，最终得到成品。图层就像透明的纸，一张一张叠在一起。透过当前图层上没有像素的区域，可以看到下面图层的图像；当前图层中有像素的区域会遮挡住下面图层的图像，如图2-1所示。

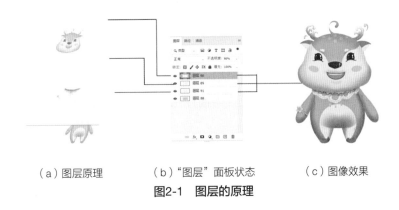

（a）图层原理　　　（b）"图层"面板状态　　　（c）图像效果

图2-1　图层的原理

2.1.2 图层的类型

Photoshop可以编辑多种类型文件，包括图像、图形、视频和3D模型等。这些内容都由专属图层来承载。图层具体类型如图2-2所示。

2.1.3 图层面板

图层面板显示了图像中的所有图层、图层组合、图层样式等，可以通过图层面板对图层进行编辑。执行"窗口>图层"命令，打开图层面板，如图2-3所示。

（1）**选取图层类型**　当图层数量较多时，可在该选项下拉列表中选择一种图层类型，包括名称、效果、模式、属性和颜色，让"图层"面板中只显示此类图层，隐藏其他类型的图层。

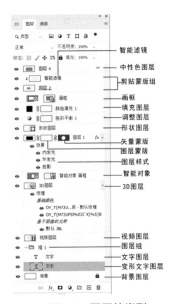

图2-2　图层的类型

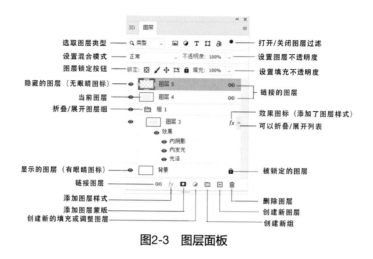

图2-3 图层面板

（2）**打开/关闭图层过滤·** 单击按钮，可以启用或停用图层过滤功能。

（3）**设置混合模式** 用来设置当前图层的混合模式，使之与下面的图像混合。

（4）**设置图层不透明度** 用来设置当前图层的不透明度，可使之呈现透明状态，让下面图层中的图像内容显示出来。

（5）**设置填充不透明度** 用来设置当前图层的填充不透明度，它与图层不透明度类似，但不会影响图层效果。

（6）**图层锁定按钮** 🔲 / ✛ 🕀 🔒 用来锁定当前图层的某一属性，使其不可编辑。

（7）**当前图层** 当前选择和正在编辑的图层，所有操作只对当前图层有效。

（8）**显示图层** 👁 单击👁按钮可以隐藏或显示图层，隐藏的图层不能进行编辑。

（9）**折叠/展开图层组** ⌄🗀 单击按钮可折叠或展开图层组。

（10）**图层锁定** 🔒 选中该图标时，表示图层处于锁定状态。

（11）**链接图层** ⊖ 选择多个图层后，单击按钮，可将它们链接起来。处于链接状态的图层可以同时进行变换操作或者添加效果。

（12）**添加图层样式** fx 单击该按钮，在打开的下拉菜单中设置图层样式。

（13）**添加圈层蒙版** 🔲 单击该按钮，可以为当前图层添加图层蒙版。

（14）**创建调整图层** ◑ 单击该按钮，打开下拉菜单，可以创建填充图层和调整图层。

（15）**创建新组** 🗀/**创建新图层** ⊞ 可以创建图层组和图层。

（16）**删除图层** 🗑 选择图层或图层组，单击该按钮可将其删除。

2.1.4 图层基本操作

（1）新建图层

①通过图层面板创建图层。在图层面板上，单击"新建图层"按钮⊞，即可在当前

图层上面创建一个新的图层，新建的图层会成为当前图层。

②通过"新建"命令创建图层。执行"图层>新建>图层"命令（快捷键Ctrl+Shift+N），弹出"新建图层"对话框，如图2-4所示，设置相关参数，单击"确定"按钮，完成图层的新建。

图2-4　新建图层对话框

③创建背景。当文档中没有"背景"图层时，选中一个图层，执行"图层>新建>图层背景"命令，可以将其转换为"背景"图层。

（2）选择图层

①单击图层面板中的图层即可选择想要的图层。

②使用移动工具 ⊕，勾选"自动选择"按钮 ⊕ ↴ □自动选择：图层 ，鼠标单击或框选画面，即可选中对应的图层。

③使用移动工具 ⊕，不勾选"自动选择"按钮 ⊕ ↴ □自动选择：图层 ，按住Ctrl键，用鼠标单击画面，也能选中对应的图层。

（3）复制图层

①在图层面板中，选中需要复制的图层，直接拖动到"新建图层"按钮上，即可完成图层的复制，如图2-5所示。

②在图层面板中选中图层，按组合键Ctrl+J，可以复制图层。

③使用移动工具 ⊕，按住Alt键，在画面中拖动选中的图层，可以复制图层。

（4）删除图层

①选中需要删除的图层，直接拖动到垃圾箱，如图2-6所示。

②单击图层面板右上角的下拉按钮，在下拉菜单中执行"删除"命令，可以删除图层。

③选中图层，按Delete键，可以直接删除图层。

（5）调整图层顺序

①选择要移动顺序的图层，按住鼠标左键不放，并向下拖拽，将素材拖到图层下方位置，松开鼠标即可完成图层顺序调整，如图2-7所示。

②选中图层，打开"图层>排列"菜单，选中其中的相应命令即可，如图2-8所示。

③使用快捷键调整图层顺序。置为顶层（Shift+Ctrl+]）；前移一层（Ctrl+]）；后移一层（Ctrl+[）；置为底层（Shift+Ctrl+[）。

（6）**移动和对齐图层**　选中图层后，使用移动工具 ⊕，可以移动图层。选中多个图层后，可以使用移动工具属性栏中的对齐与分布工具 ┠ ┷ ┨ ┯ ╥ ┻ ┣ ┃ ，将所选图层按不同的方式对齐。不同按钮的对齐方式如图2-8所示。

图2-5　复制图层　　　　　　图2-6　删除图层　　　　　　图2-7　调整图层顺序

（7）**快速导出图层**　想要快速导出每一个图层，单击菜单栏里的"文件>导出>将图层导出到文件"，如图2-9所示，配置好"目标""文件名前缀""文件类型"等信息，单击"运行"即可。

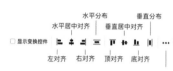

图2-8　对齐图层

（8）**图层组**　创建图层组，方法如下：

①单击图层面板中的"创建新组" ▣ 按钮，创建一个新组，将图层拖进组里即可，如图2-10所示。

②选中一个以上图层，按Ctrl+G组合键，即可直接创建一个新组。

（9）**合并图层**　当需要将多个图层进行合并时，按住Ctrl键，选择多个图层，然后在图层面板右上角的下拉菜单中选择向下合并（快捷键Ctrl+E），即可完成图层合并，如图2-11所示。

提示：按Ctrl键可同时选中多个不连续的图层，按Shift键可选中多个连续的图层。

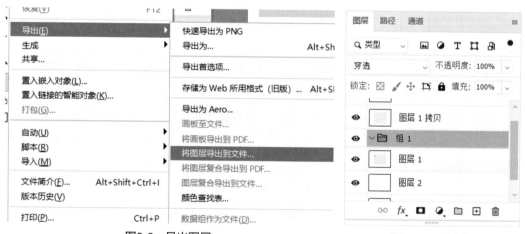

图2-9　导出图层　　　　　　　　　　　　　图2-10　创建组

①向下合并。选中图层，单击图层面板右上角的下拉按钮，在下拉菜单中执行"向下合并"命令，所选中的图层就会与下面的图层合并，而不会影响到其他图层，新图层的名称为下面图层的名称。向下合并还可按Ctrl+E组合键。

②合并可见图层。在图层面板右上角的下拉菜单中执行"合并可见图层"命令（快捷键Shift+Ctrl+E），在图像面板上显示的可见图像就会被合并。

③拼合图像。执行"拼合图像"命令，如果所有图层均为显示状态，执行该命令将合并所有图层。

（10）**栅格化图层**　在Photoshop中，编辑像素的工具不能处理矢量对象。当图层不能编辑时，就需栅格化图层。选中图层，右击鼠标，选择"栅格化图层"即可，如图2-12所示。

（11）**图层盖印**　若既想保留原来的图层，又想获得图层合并后的一张新图像时，可以使用图层盖印命令（快捷键Shift+Ctrl+Alt+E）。可以将所有可见图层盖印到一个新图层，原图层保持不变（图2-13）。

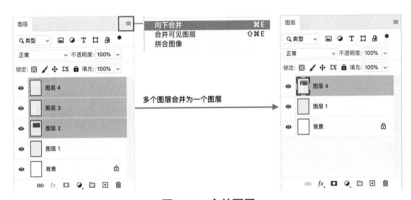

图2-11　合并图层

图2-12　栅格化图层　　　　图2-13　盖印可见图层

（1）添加图层样式　Photoshop的图层样式可以为图层创建各种质感、纹理和特效。常用效果如图2-14所示。

在图层面板中选择图层，单击添加图层样式按钮 *fx.*，打开下拉菜单栏，选择一个效果命令（图2-15），即可打开图层样式对话框，如图2-16所示。

图2-14　常用图层样式效果

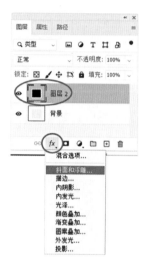

图2-15　添加图层样式

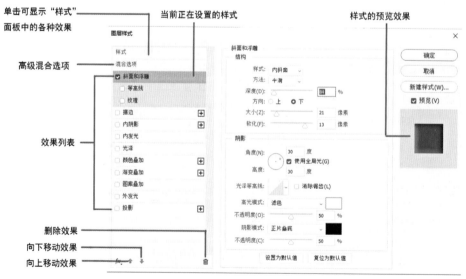

图2-16　图层样式对话框

勾选图层样式对话框左侧的样式复选框，即可添加选中的图层样式效果，如图2-17所示，可以在右侧对话框里设置该图层样式的具体参数。

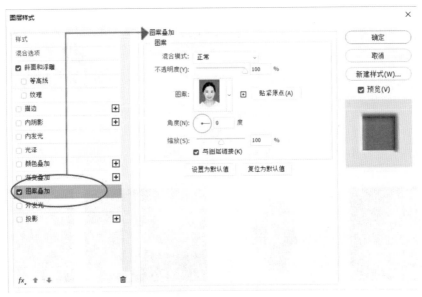

图2-17　添加具体的图层样式

（2）复制、粘贴、清除图层样式　可以将一个图层的样式复制给其他图层。选中已经设置好图层样式的图层A，右击鼠标，单击"拷贝图层样式"，然后选择图层B，右击鼠标，单击"粘贴图层样式"，图层A的样式就会被复制到图层B上。

如果选中图层，右击鼠标，单击"清除图层样式"，这个图层的所有样式都会被清除。

2.3　图层的混合模式

图层的混合模式是指当前图层中的像素与下方图层的像素进行混合，主要用于多张图像的融合。

想要设置图层的混合模式，需要在"图层"面板选中图层，然后单击混合模式列表下拉按钮，在下拉列表中可以看到很多种"混合模式"，如图2-18所示。

Photoshop提供了多种多样的混合模式，不同的混合模式能使画面呈现不同的视觉效果。打开"素材02\手表"和"素材02\酷炫效果"，图2-19至图2-45展示了不同混合模式下两个图层的混合效果。

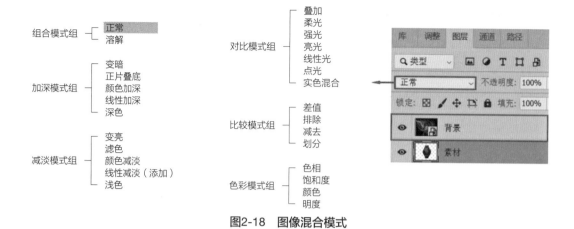

图2-18 图像混合模式

图2-19 正常
（操作图层）

图2-20 下面图层

图2-21 溶解

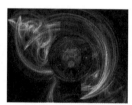

图2-22 变暗

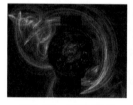

图2-23 正片叠底

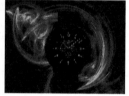

图2-24 颜色加深

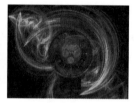

图2-25 线性加深

图2-26 变亮

图2-27 滤色

图2-28 颜色减淡

图2-29 线性减淡

图2-30 浅色

图2-31 叠加

图2-32 柔光

图2-33 强光

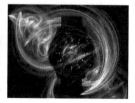

图2-34 亮光

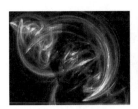

图2-35　线性光

图2-36　点光

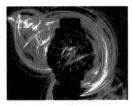

图2-37　实色混合

图2-38　差值

图2-39　排除

图2-40　减去

图2-41　划分

图2-42　色相

图2-43　饱和度

图2-44　颜色

图2-45　明度

> **知识插播**

各种混合模式的原理

　　【正常】Photoshop图层混合模式的默认模式，在此模式下，上面图层的像素完全遮盖住下面图层上的像素。如果上面图层中存在透明区域，下面图层的像素透过透明区域显示出来。

　　【溶解】根据图层中每个像素的不透明度，该层像素随机取代下层对应的像素，产生溶解的效果。

　　【变暗】比较上下两个图层像素的颜色，选择较暗的颜色作为结果色，显示在画面上。

　　【正片叠底】图像会以一种平滑但是非线性的方式变暗，得到的效果像是景物从黑暗中显现。

　　【颜色加深】查看每个通道的颜色信息，通过增加对比度使下层颜色变暗，以反映上面图层的颜色。与白色混合后不产生变化。

　　【线性加深】查看每个通道的颜色信息，通过减少亮度使下层颜色变暗，以反映上面图层的颜色。与白色混合后不产生变化。

　　【深色】通过计算混合色与基色的所有通道的数值，然后选择数值较小的作为结果色。因此，结果色只跟混合色或基色相同，不会产生另外的颜色。白色与基色混合得到基色，黑色与基色混合得到黑色。深色模式中，混合色与基色的数值是固定的，颠倒位置后，混合色出来的结果色是没有变化的。

【变亮】比较每个通道的颜色信息，选择较亮的颜色显示出来。

【滤色】查看每个通道的颜色信息，将上面图层的互补色与下面图层的颜色复合，结果色总是较亮的颜色。

【颜色减淡】查看每个通道中的颜色信息，通过减小对比度使下面图层的颜色变亮，以反映上面图层的颜色。与黑色混合则不发生变化。

【线性减淡】查看每个通道中的颜色信息，通过增加亮度使下面图层的颜色变亮，以反映上面图层的颜色。与黑色混合则不发生变化。

【浅色】通过计算混合色与基色所有通道的数值，哪个数值大就选为结果色。因此，结果色只能在混合色与基色中选择，不会产生第三种颜色。与深色模式刚好相反。

【叠加】复合或过滤颜色。下面图层的颜色没有被替换，只是与上面图层颜色进行叠加，以反映上面图层的亮部和暗部。

【柔光】使颜色变亮或变暗，具体取决于混合色，此效果与发散的聚光灯照在图像上相似。如果混合色（光源）比50%灰色亮，则图像变亮，就像被减淡了一样。如果混合色（光源）比50%灰色暗，则图像变暗，就像加深了。用纯黑色或纯白色绘画会产生明显较暗或较亮的区域，但不会产生纯黑色或纯白色。

【强光】复合或过滤颜色，具体取决于混合色，效果与耀眼的聚光灯照在图像上相似。如果混合色（光源）比50%灰色亮，则图像变亮，就像过滤后的效果。如果混合色（光源）比50%灰色暗，则图像变暗，就像复合后的效果。用纯黑色或纯白色绘画会产生纯黑色或纯白色。

【亮光】通过增加或减小对比度来加深或减淡颜色，取决于混合色。如果混合色比50%灰色亮，则通过减小对比度使图像变亮；如果混合色比50%灰色暗，则通过增加对比度使图像变暗。

【线性光】通过减小或增加亮度来加深或减淡颜色，具体取决于混合色。如果混合色（光源）比50%灰色亮，则通过增加亮度使图像变亮；如果混合色比50%灰色暗，则通过减小亮度使图像变暗。

【点光】替换颜色，具体取决于上面图层的颜色。若上面图层颜色的灰度值比50%灰色亮，则替换比上面图层颜色暗的像素，不改变比上面图层颜色亮的像素；若上面图层颜色的灰度值比50%灰色暗，则替换比上面图层颜色亮的像素，不改变比上面图层颜色暗的像素。

【实色混合】根据上下颜色分布情况，取两者的中间值，对图像中相交的部分进行填充。

【差值】将上下两个图层的像素进行比较，用比较亮的像素的颜色值减去比较暗的像素的颜色值，得到的差值即为混合后像素的颜色值。

【排除】"排除"模式与"差值"模式相似，但其对比度更低。

【减去】基色的数值减去混合色，与差值模式类似，如果混合色与基色相同，那么结果色为黑色。在差值模式下，如果混合色为白色，那么结果色为黑色；如果混合色为黑色，那么结果色为基色不变。

【划分】基色分割混合色，颜色对比度较强。在划分模式下，如果混合色与基色相同，则结果色为白色；如果混合色为白色，则结果色为基色不变，如果混合色为黑色，则结果色为白色。

【色相】用下面图层颜色的亮度和饱和度以及上面图层颜色的色相创建混合图像的颜色。

【饱和度】用下面图层颜色的亮度和色相以及上面图层颜色的饱和度创建混合图像的颜色。

【颜色】用下面图层颜色的亮度以及上面图层颜色的色相和饱和度创建混合图像的颜色。

【明度】用下面图层颜色的色相和饱和度以及上面图层颜色的亮度创建混合图像的颜色。此模式会创建与"颜色"模式相反的效果。

2.4 变换与变形

在"编辑"菜单中有多种对图层进行各种变形的命令："内容识别缩放""操控变形""透视变形""自由变换""变换""自动对齐图层""自动混合图层"，如图2-46所示。"变换"命令与"自由变换"的功能基本相同，"自由变换"操作起来更加方便。

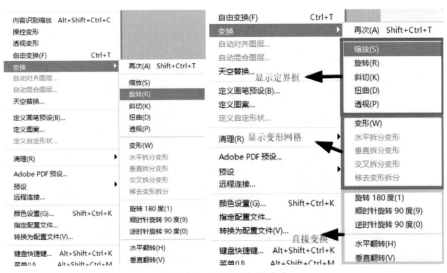

图2-46 变形和变换命令

2.4.1 自由变换

执行"编辑>自由变换"命令（快捷键Ctrl+T），可以对选中的图层进行大小和形状的自由变换，或者在"编辑>变换"子菜单中，选择各种变换命令。

（1）**定界框、控制点、参考点**　除直接进行翻转，或者以90°或90°的倍数旋转外，使用其他命令时，所选对象上会显示定界框、控制点和参考点，如图2-47所示。拖拽定界框或控制点，即可进行相应处理。参考点位于对象中心，如果拖拽到其他位置，则会改变基准点。如图2-48和图2-49所示为参考点在不同位置时的旋转效果。

图2-47　定界框和控制点

图2-48　参考点在默认位置旋转图像

图2-49　参考点在定界框左下角旋转图像

（2）**放大和缩小**　按住鼠标左键并拖拽定界框上的控制点，即可对图层进行等比放大或缩小。按住Shift键拖动控制点，可对画面进行等比例拉伸。操作完成后，按Enter键确认或按Esc键取消确认。

（3）**旋转**　将鼠标靠近定界框的一角，角点处出现弧形双箭头后，按鼠标左键拖动可进行旋转。

（4）**斜切**　在自由变换状态下，将鼠标靠近定界框，按住Shift+Ctrl快捷键，拖拽鼠标，即可沿水平（图2-50）或垂直（图2-51）方向斜切。或者单击鼠标右键，在弹出的快捷菜单中选择"斜切"命令，然后按住鼠标左键拖拽控制点，也可看到变换效果。

图2-50　水平斜切

图2-51　垂直斜切

（5）**扭曲**　在自由变换状态下，按住Ctrl键，拖拽定界框的四个角，可以进行图像扭曲，效果如图2-52所示。按住Ctrl+Alt键操作，可以进行对称扭曲。按住Shift+Ctrl+Alt键操作，可以进行透视扭曲，如图2-53所示。

（6）**变形**　在自由变换状态下，单击鼠标右键执行"变形"命令，拖动控制点进行变形，效果如图2-54所示。

图2-52　扭曲　　　　　　图2-53　透视　　　　　　图2-54　变形

2.4.2 内容识别缩放

如果想缩放照片的背景，而照片中的人物不变形，就需要用到内容识别缩放工具。需要注意的是，内容识别缩放工具不能作用于背景图层，需将背景图层转变为普通图层再进行操作。

打开"素材02\宝宝"（图2-55），单击背景图层的锁定图标🔒，把背景图层转换为普通图层。然后执行"编辑>内容识别缩放"命令，单击工具选项栏中的保护肤色按钮📷，然后按住Shift键，拖拽定界框，使画面背景扩展，Photoshop会自动分析图像，保证图像上的人物不变形，效果如图2-56所示。

如果执行内容识别缩放命令时，不点选保护肤色按钮，图像中的人物将出现扭曲，如图2-57所示。

图2-55　照片素材　　　图2-56　开启肤色保护　　　图2-57　未开启肤色保护

内容识别缩放的工具属性栏如图2-58所示，具体功能如下：

X: 2264.00 像 Y: 2861.00 像 W: 100.00% H: 100.00% 数量: 100% 保护: 无

图2-58 内容识别缩放工具属性栏

（1）**参考点定位符** 单击参考点定位符 上的方块，可以指定缩放图像时要围绕的参考点。默认情况下，参考点位于图像的中心。

（2）**参考点相对定位** 单击按钮 ，可以指定相对于当前参考点位置的新参考点位置。

（3）**参考点位置** 可输入x轴和y轴像素大小，从而将参考点放置于特定位置。

（4）**缩放比例** 输入宽度（W）和高度（H）的百分比，可以指定图像按原始大小的百分比进行缩放。

（5）**数量** 用来指定内容识别缩放与常规缩放的比例。可在文本框中输入数值或单击箭头和移动滑块来指定内容识别缩放的百分比。

（6）**保护** 可以选择一个Alpha通道，通道中白色对应的图像不会变形。

（7）**保护肤色** 单击"保护肤色"按钮 ，可以保护包含肤色的图像区域，避免其变形。

2.4.3 操控变形

"操控变形"命令可以使图像中的物体扭曲变形。打开"素材02\LUCKY"，将图层转变为普通图层，执行"编辑>操控变形"命令，显示变形网格，如图2-59所示。在工具选项栏中将"模式"设置为"正常"，"密度"设置为"较少点"。在LUCKY上单击，添加几个图钉，如图2-60所示。

在工具选项栏中取消"显示网格"选项的勾选，以便更好地观察变化效果，单击图钉并拖拽鼠标，得到最终效果，如图2-61所示。

操控变形的工具属性栏如图2-62所示，具体功能如下：

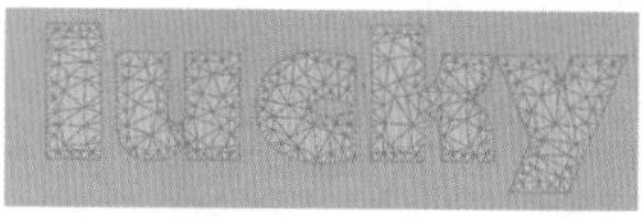

图2-59 执行操控变形命令   图2-60 添加图钉   图2-61 拖拽图钉使文字变形

模式: 正常 密度: 正常 扩展: 2像素 □ 显示网格 图钉深度: 旋转: 自动 0 度

图2-62 操控变形工具属性栏

（1）操控变形选项模式　可以设置网格的弹性。选择"刚性"，变形效果精确，但缺少柔和的过渡；选择"正常"，变形效果准确，过渡柔和；选择"扭曲"，可创建透视扭曲。

（2）密度　选择"较少点"选项，网格点较少，相应地只能放置少量图钉；选择"较多点"选项，网格较细密，可以添加更多的图钉。

（3）扩展　用来设置变形衰减范围。该值越大，变形网络的范围也会相应地越向外扩展，变形之后，对象的边缘会更加平滑；反之，数值越小，图像边缘变化效果越生硬。

（4）显示网格　显示变形网格。取消勾选该选项时，只显示图钉，适合观察变形效果。

（5）图钉深度　选择一个图钉，单击向上向下按钮，可以将它向上层或向下层移动一个堆叠顺序。

（6）旋转　选择"自动"选项，在拖拽图钉时，会自动对图像进行旋转。如果要设定旋转角度，可以选取"固定"选项，并在右侧文本框中输入角度值。

（7）复位、撤销、应用　单击复位按钮，可删除所有图钉，将网格恢复到变形前的状态；单击撤销按钮或按Esc键，可放弃变形操作；单击应用按钮或按Enter键，可以确认变形操作。

实操秘籍

图钉加得越多，变形的效果越精确。添加一个图钉并拖拽，可以进行移动，达不到变形的效果；添加两个图钉，会以其中一个图钉作为"轴"进行旋转。不过，添加图钉的位置也会影响变形的效果。

2.4.4 透视变形

"透视变形"可以根据图像现有透视关系进行透视的调整。当遇上透视有问题的照片，使用"透视变形"命令很合适。

打开"素材02\透视墙面"（图2-63），单击背景图层按钮 🔒，将图层转换为普通图层。执行"编辑>透视变形"菜单命令，在画面中按住鼠标拖动，创建出透视框。然后按照当前建筑透视的角度将四个控制点拖拽到合适位置，如图2-64所示，按Enter键确定操作。在工具属性栏中单击"变形"按钮，用鼠标按住控制点拖拽，即可调整透视角度，如图2-65所示。接着选择工具箱中的"裁剪工具"，裁剪掉多余部分，最终效果如图2-66所示。

图2-63　打开素材　　　图2-64　创建透视框　　　图2-65　调整角度　　　图2-66　最终效果

　　在进行透视变形时，可以同时创建多个透视变形网格。首先需要创建一个透视变形网格并将其进行变形，在画面中按住鼠标左键拖拽，松开鼠标即可得到第二个透视变形网格，如图2-67所示，然后拖动控制点，就可以对两个透视变形网格分别进行调整，如图2-68所示。

图2-67　创建两个透视变形网格　　　　　图2-68　分别调整两个透视变形网格

2.4.5 自动混合图层

　　"自动混合图层"功能可以自动识别画面内容，并根据需要对每个图层应用图层蒙版，以遮盖过渡曝光、曝光不足的区域或内容差异。下面用这个工具来制作全局照片。

　　新建宽10厘米、高2厘米、分辨率300像素/英寸的文件，置入"素材02\风景1""素材02\风景2""素材02\风景3"，如图2-69所示。调整好三张图的位置，尽量使之拼合，如图2-70所示。

图2-69　置入素材

选中三个图层，右击鼠标，单击栅格化图层命令，如图2-71所示。然后执行"编辑>自动混合图层"菜单命令，在弹出的"自动混合图层"窗口中选择"全景图"选项，单击"确定"按钮，如图2-72所示。稍作等待，三张图片就拼合成一张新的全景图片，如图2-73所示。图层面板如图2-74所示。

图2-70　调整素材位置

图2-71　栅格化图层

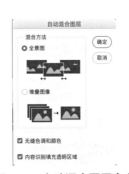

图2-72　自动混合图层命令

图2-73　拼合生成全景图片

图2-74　最终的图层面板

案例视频

案例背景

2013年5月4日，习近平总书记在同各界优秀青年代表座谈时强调："中国梦是我们的，更是你们青年一代的。中华民族伟大复兴终将在广大青年的接力奋斗中变为现实。"青年是祖国的未来，是民族的希望，也是我们党的未来和希望。要实现党的十八大提出的两个百年奋斗目标，实现民族伟大复兴的中国梦，当代中国青年重任在肩。

图2-75 《五彩缤纷中国梦》海报

中国梦体现了当代青年的国家梦与个人梦的有机统一。对于当代中国青年而言，青年梦与中国梦始终交相辉映，只有把青年梦融入中国梦之中，个人梦、青春梦才能实现。下面运用本章所学知识来制作《五彩缤纷中国梦》海报，海报效果如图2-75所示。

制作思路

《五彩缤纷中国梦》海报的制作思路见表2-1。

表2-1　制作思路

序号	步骤	绘制效果	所用工具及要点说明
1	新建文字		运用文字工具设置字体
2	做出基本的立体效果		运用图层样式来制作立体效果
3	做出玻璃反方向光泽		巧妙运用复制图层、图层样式来制作更精致的玻璃反光效果

序号	步骤	绘制效果	所用工具及要点说明
4	更换背景		更换更加有活力的背景，赋予画面生动性

制作《五彩缤纷中国梦》海报的具体步骤

❶ 新建文件，A4大小（横向，尺寸297毫米×210毫米，分辨率300像素/英寸）。将背景填充为红色（#d30000）。

❷ 用文字工具打出"中国梦"三个字，字体采用"日文毛笔行书"（素材02/字体），鼠标右键"栅格化文字"并移动到合适位置，效果如图2-76所示。把图层的填充调成"0"，文字在画面上消失。

图2-76　新建文字添加纯色背景

❸ 选择"中国梦"图层，单击图层样式工具 *fx* 添加图层样式。添加"斜面和浮雕"的图层样式，调整参数，做出基本的立体感，具体参数如图2-77和图2-78所示，效果如图2-79所示。

图2-77　选择"斜面和浮雕"

图2-78　"斜面和浮雕"参数

图2-79　"斜面和浮雕"效果

④ 增加"等高线"的图层样式，做出玻璃边缘细节，具体参数如图2-80所示，效果如图2-81所示。

⑤ 在这一图层上继续添加图层样式，添加"颜色叠加"的图层样式，强化边缘细节，具体参数如图2-82所示，效果如图2-83所示。

⑥ 再次添加图层样式，添加"投影"的图层样式，继续强化边缘细节，具体参数如图2-84所示，效果如图2-85所示。

图2-80 增加"等高线"的图层样式

图2-81 "等高线"样式效果

图2-82 增加"颜色叠加"的图层样式

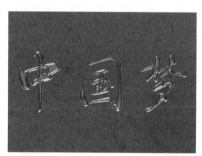

图2-83 "颜色叠加"样式效果

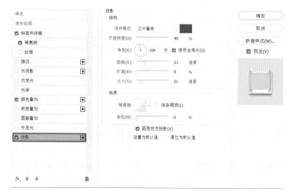

图2-84 增加"投影"的图层样式

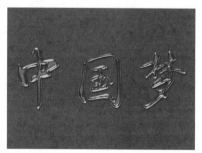

图2-85 "投影"的样式效果

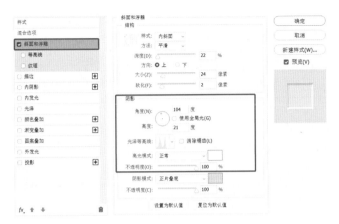

图2-86 增加"斜面和浮雕"的图层样式

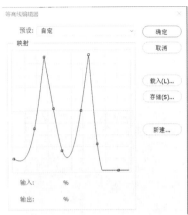

图2-87 编辑"光泽等高线"

❼ 复制"中国梦"图层，命名为"中国梦2"，清除原有的图层样式。用图层样式工具 *fx.* 添加图层样式。添加"斜面和浮雕"的图层样式，调整参数，做出反方向光泽，具体参数如图2-86和图2-87所示，效果如图2-88所示。

❽ 增加"等高线"的图层样式，做出光泽的细节，具体参数如图2-89所示，效果如图2-90所示。

图2-88 增加"斜面和浮雕"样式提高光泽的效果

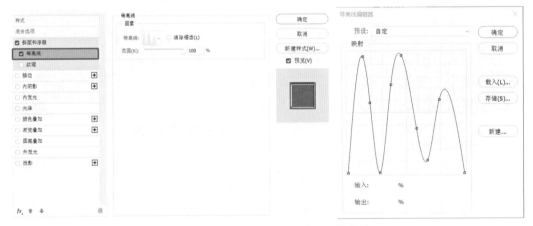

图2-89 "等高线"图层样式的具体参数

❾ 再次添加图层样式，添加"内阴影"的图层样式，具体参数如图2-91所示，效果如图2-92所示。

❿ 显示图层"中国梦"和"中国梦2"，更换背景"素材/02背景"，最终效果如图2-93所示。

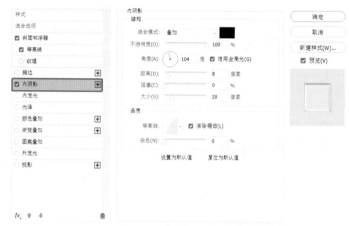

图2-90　增加"等高线"样式后
　　　　的效果

图2-91　"内阴影"图层样式的具体参数

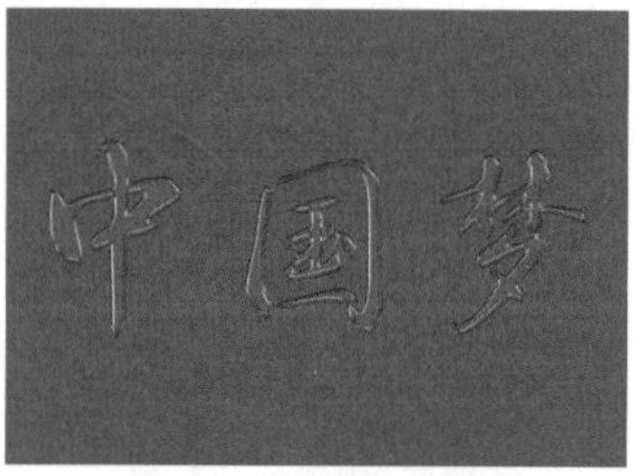

图2-92　"内阴影"
　　　样式后的效果

图2-93　最终效果

案例小结

通过本案例的学习，对以下知识点、技能点有了更熟练的掌握：

☑　能为图层添加图层样式；

☑　能通过设置图层样式，绘制玻璃立体字效果。

3

图像的选取

课时分配：4 课时

教学目标

知识目标　1. 掌握圈地式选区工具的使用方法。
　　　　　2. 掌握选区的基本操作方法。
　　　　　3. 掌握基于颜色差异建立选区的方法。
　　　　　4. 掌握钢笔工具的使用方法。

能力目标　1. 能熟练使用各种工具建立选区。
　　　　　2. 能对选区进行各种编辑操作。
　　　　　3. 能熟练使用钢笔工具。
　　　　　4. 能通过本章所学绘制图标和海报。

思政目标　运用本章所学，绘制禁毒宣传海报，使学生了解
　　　　　毒品危害，树立社会责任感和职业使命感。

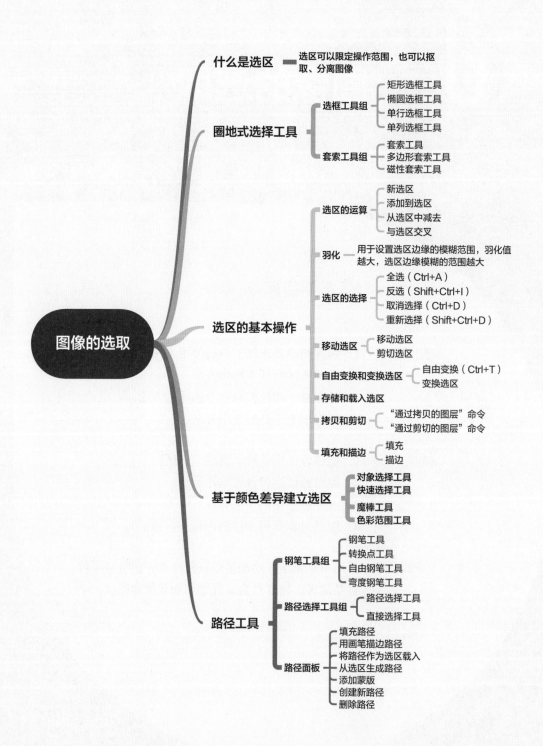

图像的选取

- **什么是选区** —— 选区可以限定操作范围，也可以抠取、分离图像
- **圈地式选择工具**
  - 选框工具组
    - 矩形选框工具
    - 椭圆选框工具
    - 单行选框工具
    - 单列选框工具
  - 套索工具组
    - 套索工具
    - 多边形套索工具
    - 磁性套索工具
- **选区的基本操作**
  - 选区的运算
    - 新选区
    - 添加到选区
    - 从选区中减去
    - 与选区交叉
  - 羽化 —— 用于设置选区边缘的模糊范围，羽化值越大，选区边缘模糊的范围越大
  - 选区的选择
    - 全选（Ctrl+A）
    - 反选（Shift+Ctrl+I）
    - 取消选择（Ctrl+D）
    - 重新选择（Shift+Ctrl+D）
  - 移动选区
    - 移动选区
    - 剪切选区
  - 自由变换和变换选区
    - 自由变换（Ctrl+T）
    - 变换选区
  - 存储和载入选区
  - 拷贝和剪切
    - "通过拷贝的图层"命令
    - "通过剪切的图层"命令
  - 填充和描边
    - 填充
    - 描边
- **基于颜色差异建立选区**
  - 对象选择工具
  - 快速选择工具
  - 魔棒工具
  - 色彩范围工具
- **路径工具**
  - 钢笔工具组
    - 钢笔工具
    - 转换点工具
    - 自由钢笔工具
    - 弯度钢笔工具
  - 路径选择工具组
    - 路径选择工具
    - 直接选择工具
  - 路径面板
    - 填充路径
    - 用画笔描边路径
    - 将路径作为选区载入
    - 从选区生成路径
    - 添加蒙版
    - 创建新路径
    - 删除路径

3.1 什么是选区

Photoshop中的操作大致可以分为两类：一类是对整个图层进行操作，另一类是对选中的局部区域进行操作。如果想对画面的局部进行编辑，那么就需要建立选区。选区可以限定操作范围，也可以抠取、分离图像。

3.2 圈地式选择工具

圈地式选择工具包括选框工具组和套索工具组。使用这些工具，可以建立简单的选区。

3.2.1 选框工具组

选框工具组包括矩形、椭圆、单行、单列4种，这类工具适合选择比较规范的选区，如图3-1和图3-2所示。

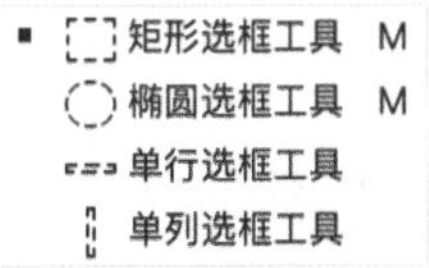

矩形选框工具 M
椭圆选框工具 M
单行选框工具
单列选框工具

图3-1 选框工具

羽化: 0 像素
消除锯齿
样式: 正常
宽度:
高度:
选择并遮住...

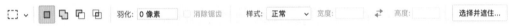

图3-2 选框工具属性栏

（1）**新建选区** 选择一种选框工具，在画面上按住鼠标拖动，即可建立一个新的选区。

（2）**取消选区** 按Ctrl+D组合键可以取消选区。

（3）**选区的运算** 选区工具的属性栏，提供了四种选区运算模式（图3–3），分别是：

①新建选区。选择这种模式，可以新建一个选区。如果已有一个选区，再在空白处按住鼠标拖动，会建立一个新的选区，而原来的选区会自动取消。

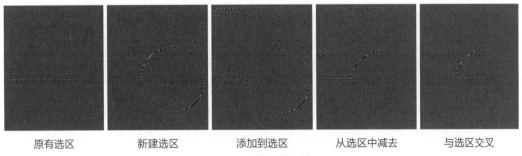

原有选区
新建选区
添加到选区
从选区中减去
与选区交叉

图3-3 选区的运算

②添加到选区 ⬚。新框选的区域添加到原有的选区中，形成新的选区。

③从选区中减去 ⬚。从原有的选区中减去与新框选的区域重合的部分，形成新的选区。

④与选区交叉 ⬚。只保留原有的选区与新框选的区域重合的部分，作为新的选区。

（a）羽化值为0像素　　（b）羽化值为50像素

图3-4　羽化的效果

（4）**样式**　在属性栏中的样式复选框中，可以选择正常、固定比例、固定大小三种模式。正常模式下，可以绘制任意比例和大小的选区；固定比例模式下，可以通过设置固定的比例，绘制特定长宽比的选区；固定大小模式下，可以绘制特定大小的选区。

（5）**羽化**　羽化用于设置选区边缘的模糊范围，如图3-4所示。羽化值越大，选区边缘模糊的范围越大。

知识插播

选区绘制小技巧

使用矩形选框工具时，按住Shift键，同时按住鼠标拖动，可以绘制出正方形。按住Alt键，按住鼠标拖动，会以鼠标单击的起始点为中心向外扩展形成矩形选区。如果按住Shift+Alt键，按住鼠标拖动，可以绘制出以起始点为中心的正方形。

使用椭圆选框工具时，按住Shift键，同时按住鼠标拖动，可以绘制出正圆。按住Alt键，同时按住鼠标拖动，会以鼠标单击的起始点为圆心向外扩展形成选区。如果按住Shift+Alt键，按住鼠标拖动，可以绘制出以起始点为圆心的正圆。

3.2.2 套索工具组

套索工具组包括套索工具、多边形套索工具和磁性套索工具，如图3-5所示。套索工具的属性栏与选框工具基本相同。

⬚ 套索工具　　　　L
⬚ 多边形套索工具　L
⬚ 磁性套索工具　　L

图3-5　套索工具组

（1）**套索工具**　使用套索工具新建选区，按住鼠标拖动，圈出所要选的区域即可获得选区。

（2）**多边形套索工具**　通过绘制直线段，围合形成选区，适合选取边缘平直的选区。

（3）**磁性套索工具**　会自动识别并贴附在鼠标经过的图像边缘，形成选区，适合选取边缘清晰的图像。磁性套索工具的属性栏如图3-6所示，其中，宽度、对比度、频

图3-6　磁性套索工具的属性栏

率参数规定了磁性套索的精度。

①宽度。识别鼠标所经过的路径中一定宽度内的像素。宽度数值越大，识别像素的范围越大。

②对比度。对比鼠标经过范围内像素的差异，在像素差异大于一定数值时判断选区边缘，给出锚点。对比度越小，锚点越精确。

③频率。锚点的密集程度。

3.3 选区的基本操作

3.3.1 全选、反选、取消选择、重新选择

（1）**全选**　使用"选择>全选"命令（快捷键Ctrl+A），可以选择整幅画面，如图3-7所示。

（2）**反选**　创建一块选区（图3-8），然后右击鼠标，单击"选择反向"，即可选中原有选区以外的所有区域，如图3-9所示。或者执行"选择>反选"命令（快捷键Shift+Ctrl+I），也能达到同样的效果。

图3-7　全选　　　　　图3-8　创建选区　　　　　图3-9　反选

（3）**取消选择**　执行"选择>取消选择"（快捷键Ctrl+D），可以取消选择的选区。

（4）**重新选择**　执行"选择>重新选择"（快捷键Shift+Ctrl+D），可以恢复最后一次在图像上创建的选区。

3.3.2 移动选区

当建立了一个选区，想移动选区的位置时，选
择选框工具 [ ]，并选择属性栏中的新选区模式 [ ]，
然后将鼠标移到选区上，鼠标右下角出现一个虚线
方框，按住鼠标拖动，即可移动选区，而选区里的
像素内容不会跟着移动，如图3-10所示。

图3-10　移动选区

如果想移动选区里的像素内容，就要选择移动
工具 [ ]，然后将鼠标移到选区上，鼠标右下角出现
一个剪刀标记，按住鼠标拖动，此时选区和选区内
的像素会一起移动，如图3-11所示。

图3-11　剪切选区

3.3.3 自由变换和变换选区

（1）**自由变换**　建立选区后，右击鼠标，单击
"自由变换"命令（快捷键Ctrl+T），选区边缘就会形成一个界定框，拖动界定框上的锚
点，就能缩放选区内的像素，如图3-12所示。变形完成后，按回车键确定变换。

（2）**变换选区**　建立选区后，右击鼠标，单击"变换选区"命令，选区边缘就会
形成一个定界框，拖动定界框上的锚点，选区的大小会随之变换，但是选区中的像素不
会随之变换。变形完成后，按回车键确定变换，如图3-13所示。

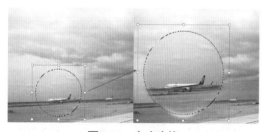

图3-12　自由变换

图3-13　变换选区

3.3.4 存储选区和载入选区

（1）**存储选区**　创建选区，然后右击鼠标，单击"存储选区"命令，即可调出"存
储选区"对话框，如图3-14所示，设置选区名称，单击"确定"，选区就存储好了。

（2）**载入选区**　执行"选择>载入选区"命令，即可调出"载入选区"对话框，如
图3-15所示，可以根据需要选择对应的操作，单击"确定"，即可载入选区。

3.3.5 拷贝和剪切

（1）**通过拷贝的图层**　新建选区，右击鼠标，选择"通过拷贝的图层"命令（快捷键Ctrl+J），选区中的像素会被拷贝到新的图层，原有的图层不会被改变，如图3-16所示。

（2）**通过剪切的图层**　新建选区，右击鼠标，选择"通过剪切的图层"命令（快捷键Shift+Ctrl+J），选区中的像素会被剪切到新的图层，原有的图层选区中的像素被删除，如图3-17所示。

图3-14　"存储选区"对话框　　图3-15　"载入选区"对话框

图3-16　通过拷贝的图层

图3-17　通过剪切的图层

3.3.6 填充和描边

（1）**填充选区**　创建选区后，可以对选区进行颜色填充。右击鼠标，选择"填充"命令，弹出"填充"对话框，如图3-18所示，可以选择填充前景色、背景色或其他颜色，也可以进行内容识别填充、图案填充、历史记录填充，还可以选择填充黑色、50%灰色或白色。还可以使用快捷键对选区进行填色，按Alt+Delete键填充前景色，按Ctrl+Delete键填充背景色。

（2）**选区描边**　建立选区后，可以对选区进行描边。右击鼠标，选择"描边"命令，会弹出"描边"对话框，可以选择描边的宽度、颜色、位置、混合模式和不透明度，如图3-19所示。

图3-18　填充对话框

图3-19　描边对话框

设置前景色和背景色

双击工具箱底部的设置前景色按钮（图3-20），会弹出"拾色器"对话框，用鼠标在色域中单击所需的颜色，即可完成颜色的设置，如图3-21所示。同样的方法，双击设置背景色按钮可以设置背景色。此外，按快捷键D或单击 ▣ 按钮，可将前景色设置为黑色，背景色设置为白色。按快捷键X或单击 ⇄ 按钮，前景色和背景色可相互切换。

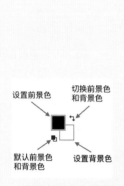

图3-20 设置前景色和背景色按钮

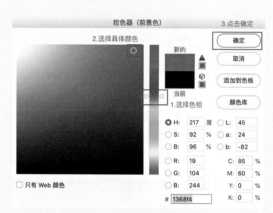

图3-21 拾色器设置颜色

3.4 基于颜色差异建立选区

需要抠出具有明显颜色差异的图像时，可以使用"对象选择工具""快速选择工具""魔棒工具"和"色彩范围"命令，它们都是基于图像的颜色差异来建立选区。

3.4.1 对象选择工具

使用对象选择工具 ▣，框选出所需抠取图像的大致区域，软件会自动识别所选区域的边缘，形成选区。对象选择工具的属性栏如图3-22所示，可以在"模式"下选择矩形或套索对图像进行框选。

图3-22 对象选择工具属性栏

用对象选中工具来抠取图3-23中的宝宝图片。首先框选出宝宝所在的大致区域（图3-24），然后软件自动识别出选区，如图3-25所示。

自动识别出的选区不够精准，可以选择工具属性栏中的"添加到选区" ，再框选缺少的部分，缺少的区域会添加进选区；同理，选择"从选区减去"命令，再框选多余的部分，多余的部分会从选区中减去。通过上述方法调整选区，将得到最终的选区，如图3-26所示。

图3-23　案例素材　　图3-24　框选大致区域　　图3-25　自动识别选区　　图3-26　最终选区

3.4.2 快速选择工具

对象选择工具组下（图3-27）还有快速选择工具和魔棒工具。

快速选择工具的使用方法与画笔工具类似，但绘制的是选区而不是颜色。使用快速选择工具，将鼠标笔触定位在要选取的对象上，按住鼠标拖拽绘制出选区，选区会向外扩展并自动查找边缘，很快就将对象选取出来。

当选择的选区不够精确时，可以选择工具属性栏中的"从选区中减去"按钮，然后拖拽鼠标，从选区中减去多余的区域，或者选择"添加到选区"按钮，增加选区范围。可以在属性栏中设置画笔的形状和大小（图3-28），从而更精准地绘制选区。

图3-27　对象选择工具组　　　　　　图3-28　快速选择工具属性栏

3.4.3 魔棒工具

魔棒工具 ✨ 可以选择颜色相近的区域作为选区。使用魔棒工具，在画面中单击鼠标，就会出现一个选区，选区内像素的颜色与取样点的颜色相近，如图3-29所示。

选区的具体范围由魔棒工具属性栏（图3-30）中的参数决定。

图3-29　使用魔棒工具建立选区

图3-30　魔棒工具属性栏

（1）**取样大小**　取样大小是指颜色取样范围。如果选择"取样点"，选取的就是鼠标单击的那一点像素的颜色；如选择其他范围，数值越大，取样范围越大，如"5×5平均"，则选取的颜色是鼠标单击的5×5像素范围内颜色的平均值。

（2）**容差**　容差是指包容选区内颜色差异的程度。容差的值越大，选区内的颜色差异越大。

（3）**连续**　勾选"连续"复选框，只选择容差范围内连续的选区；不勾选"连续"复选框，则选择图像中所有容差范围内的像素。

3.4.4 色彩范围工具

用色彩范围工具也可以建立选区。执行"选择>色彩范围"命令，弹出"色彩范围"对话框，如图3-31所示。单击取样颜色，用取色器在图像中选取颜色。调整颜色容差来调整选区的范围。单击"确定"按钮，即完成选区的选取，如图3-32所示。

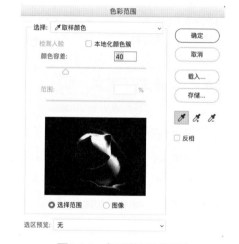

图3-31　色彩范围对话框

图3-32　色彩范围建立的选区

在Photoshop中，路径是由一系列的锚点和线段组成的矢量线条。锚点是路径中每条线段的开始和结束的点，可以绘制闭合路径，再将路径转化为选区，从而抠取图案，如图3-33所示。

路径工具包括钢笔工具组（图3-34）、路径选择工具组（图3-35）、几何形状工具组（图3-36）。本节主要介绍钢笔工具组和路径选择工具组。

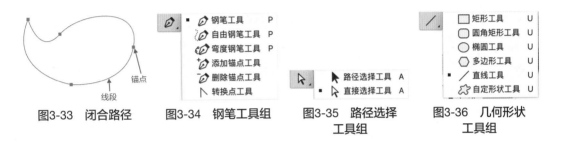

图3-33　闭合路径　　图3-34　钢笔工具组　　图3-35　路径选择　　图3-36　几何形状
　　　　　　　　　　　　　　　　　　　　　　　　工具组　　　　　　工具组

3.5.1 钢笔工具

钢笔工具 ✐ 可绘制高精度的图像、精确提取图片中所要运用的部分图像。钢笔工具的属性栏如图3-37所示，可在属性栏中选择绘制路径、形状或像素。属性栏中的路径选项可以选择路径的粗细和颜色。

图3-37　钢笔工具属性栏

（1）使用钢笔工具创建路径

①创建直线路径。选择钢笔工具，在图像中单击产生第一个锚点，移动鼠标，再单击产生第二个锚点，两个锚点直接由一条直线连接起来，如图3-38所示。

②创建闭合路径。移动鼠标，单击产生画面中的第三个锚点，最后将鼠标移动到起始点，钢笔工具图标旁出现句号标志，单击起始点，完成闭合路径的绘制，如图3-39所示。

③创建曲线路径。在图像中单击产生第一个锚点，移动鼠标，再单击产生第二个锚点，此时不要放开鼠标，按住鼠标拖动，拖出杠杆，起点和第二个锚点间拖出了一条曲线，如图3-40所示。

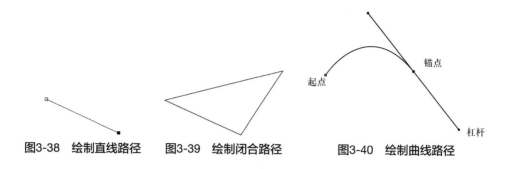

图3-38　绘制直线路径　　图3-39　绘制闭合路径　　图3-40　绘制曲线路径

（2）**转换点工具**　转换点工具 ⊼ 可以让锚点在平滑点和角点之间相互转换，也可以使路径在曲线和直线之间相互转换。选择转换点工具，按住折线的折点拖动，可将折线转变为曲线，如图3-41至图3-43所示。使用转换点工具单击曲线的顶点，也可将曲线转换为折线。选择转换点工具，单击一侧杠杆的实心原点拖动，可调整这一侧线段的弯曲情况，如图3-43所示。

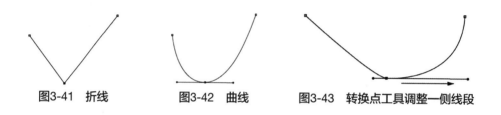

图3-41　折线　　　　　图3-42　曲线　　　图3-43　转换点工具调整一侧线段

（3）**添加、删除锚点**　选择钢笔工具，当鼠标接近锚点时，鼠标转变为删除锚点工具 ⌀，单击可直接删除此锚点。当鼠标接近路径的线段时，鼠标变为增加锚点工具 ⌀，单击线段可直接增加锚点。

（4）**路径选择工具**　路径选择工具 ▸ 可以选择并移动整条路径。

（5）**直接选择工具**　直接选择工具 ▸ 可以选择并移动路径上的锚点。

（6）**钢笔工具的转换**　使用钢笔工具 ⌀ 时，按住Ctrl键可转换成直接选择工具 ▸，按住Alt键可转换为转换点工具 ⊼。

（7）**自由钢笔工具**　自由钢笔工具 ⌀ 可以像使用铅笔在纸上绘图一样来绘制路径。

（8）**弯度钢笔工具**　弯度钢笔工具 ⌀ 可以轻松绘制弧线路径，并可以快速调整弧线的位置、弧度。使用弯度钢笔工具在画布上单击就会产生一个锚点，移动鼠标，单击创建第二个锚点，此时两个锚点间会产生一条直线路径（图3-44）。再移动鼠标，单击创建第三个锚点，此时三个锚点自动连接成一条弧线路径（图3-45）。单击中间的锚点并拖动改变其位置，可以改变路径的弧度，单击末端的锚点并拖动改变其位置，可以改变路径的方向和弧度（图3-46）。用这样的方法可以轻松绘制圆滑的路径和形状（图3-47）。

图3-44　新建第二个锚点　　图3-45　创建第三个锚点　　图3-46　调整锚点位置　　图3-47　绘制闭合路径

知识插播

使用钢笔工具绘制简洁的路径

使用钢笔工具绘制同一个图案的路径，有很多种画法。例如绘制爱心路径，能有多种路径绘制方法（图3-48）。如何用最少的锚点简洁地绘制图案呢？

下面来分享一下路径绘制的技巧。

两个锚点之间的曲线形态，可以分为两类：C形和S形。C形曲线（图3-49）的两个杠杆在同一边，杠杆的角度决定了曲线偏移的方向，杠杆的长度决定了曲线偏移的力度。S形曲线（图3-50），杠杆在线段的两侧，将曲线向两个相反的方向牵引，形成S造型。所以两个锚点间绘制的曲线只有两种可能，要么是C形，要么是S形。

 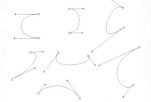 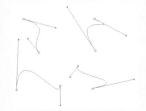

图3-48　爱心路径不同的画法　　　图3-49　C形曲线　　　图3-50　S形曲线

在理解了上述原理后，大家在绘制之前就可以分析出一个图形究竟需要多少个C形或S形的线段组成，也就可以分析出它需要的锚点数量和路径数量。例如，爱心路径有2个相连的C形组成，那么最少就可以只用两条路径。

3.5.2　路径面板

路径面板（图3-51）提供了路径编辑的工具。通过路径面板，可以添加或删除路径、为路径填充颜色、对路径进行描边、将路径转化为选区、将选区转化为路径、添加矢量蒙版。

（1）填充路径　绘制路径后（图3-52），单击前景色填充路径按钮 ●，为路径填充前景色，如

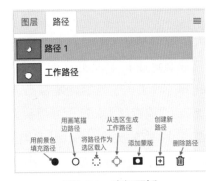

图3-51　路径面板

图3-53所示。

（2）**用画笔描边路径**　绘制路径后，单击用画笔描边路径按钮 ○，路径就会被画笔描边，效果如图3-54所示。可以通过设置画笔参数来得到不同的描边效果。

（3）**将路径作为选区载入**　绘制闭合路径后，单击将路径作为选区载入按钮 ◌，可以将封闭的路径转变为选区，如图3-55所示。

图3-52　闭合路径

图3-53　填充路径

图3-54　路径描边

图3-55　载入选区

（4）**从选区生成路径**　新建选区后，单击从选区生成工作路径按钮 ◇，可以将选区变成封闭的路径，如图3-56所示。

（5）**添加蒙版**　创建闭合路径后，单击添加蒙版按钮 ▣，可以添加矢量蒙版。

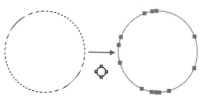
图3-56　从选区生成路径

（6）**创建新路径**　单击创建新路径按钮 ▣，可以新建一个路径，在路径面板中会显示新的路径。此时绘制的路径将在新的路径文件中。

（7）**删除路径**　选中路径后，单击删除路径按钮 🗑，可以删除路径。

练一练 绘制禁毒宣传海报

🗹 案例背景

案例视频

当今社会，毒品对青少年的危害巨大。新精神活性物质（简称NPS），具有与管制毒品相似或更强的兴奋、致幻、麻醉等效果。它是继传统毒品（如鸦片、海洛因、吗啡等）、合成毒品（如冰毒、摇头丸、麻古等）后的第三代毒品。本章的实战案例，让我们一起为青少年做一份禁毒宣传海报。完成效果如图3-57所示。

图3-57　禁毒海报

💡 制作思路

禁毒海报的制作思路见表3-1。

表3-1 制作思路

序号	步骤	绘制效果	所用工具及要点说明
1	用钢笔工具抠出素材		打开"素材03\蓝色饮品",使用钢笔工具将素材中的蓝色饮品抠取出来
2	扣取骷髅头素材并进行排版		打开"素材03\骷髅头",使用快速选择工具选出素材; 复制抠出的素材进行排版,通过自由变换和水平翻转将素材进行合理、美观布局
3	调整骷髅图素材的混合模式与透明度		通过改变骷髅图素材的混合模式与透明度使其与饮品完美融合
4	绘制骷髅头上的NPS字样		使用文本工具绘制NPS字样
5	制作饮品倒影		使用渐变蒙版工具制作玻璃倒影,扭曲变形工具拉伸骷髅头素材
6	添加警示标题完成海报		添加海报标题文案,完成海报制作

🔗 制作禁毒海报的具体步骤

❶ 新建A4大小文件，导入"素材03\蓝色饮品"，用钢笔工具将蓝色杯子和柠檬勾出来，如图3-58所示。

❷ 按路径面板中的 ○ 按钮，将路径转换为选区，如图3-59所示。在选框工具下左击鼠标，选择"羽化"命令，给选区10个像素的羽化。然后按Ctrl+C键复制选区，按Ctrl+V键粘贴选区，由此抠取出所需的素材。关闭"素材03\蓝色饮品"图层，并将抠出的素材移动到合适位置，效果如图3-60所示。

❸ 导入"素材03\骷髅头"（图3-61），用快速选区工具选取出骷髅头。复制（Ctrl+C）并粘贴（Ctrl+V）选区中的像素，得到骷髅头素材，如图3-62所示。

❹ 按Alt键用移动工具拖动素材，复制出多个骷髅头。按Ctrl+T键对骷髅头进行缩放、水平翻转、旋转等操作，并移动到合适位置，效果如图3-63所示。

❺ 分别调整3个骷髅头（图3-64）的图层混合模式与不透明度。骷髅头1图层混合模式为颜色减淡，不透明度80%，如图3-65所示；骷髅头2图层混合模式为划分，不透明度100%，如图3-66所示；骷髅头3图层混合模式为实色混合，不透明度50%，如图3-67所示。

❻ 使用文字工具 **T** 分别在3个骷髅头上添加字母"N""P""S"，如图3-68所示。

图3-58　钢笔勾勒素材　　　　图3-59　路径转化为选区

图3-60　抠出素材

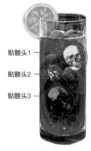

图3-61　素材03\骷髅头　　　图3-62　抠取素材　　　　图3-63　复制图层　　　　图3-64　骷髅头编号
　　　　　　　　　　　　　　　　　　　　　　　　　　　　　缩放排版

骷髅头1
骷髅头2
骷髅头3

选中字母"N",按Ctrl+T键调整字母的大小和形态,然后按住字母"N"图层的缩略图,创建字母"N"的选区,如图3-69所示。选中骷髅1图层,按Delete键删除"N"字选区内的像素,关闭字母"N"的图层,得到效果如图3-70所示。按Ctrl+D键取消选区。

❼ 用绘制"N"同样的方法绘制骷髅3上的字母"S",效果如图3-71所示。选中字母"P",将字体颜色改为白色,按Ctrl+T键修改大小和形状,如图3-72所示。

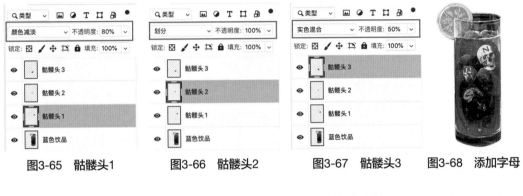

图3-65 骷髅头1　　　　图3-66 骷髅头2　　　　图3-67 骷髅头3　　　　图3-68 添加字母

图3-69 创建字母
"N"选区

图3-70 删除"N"
字选区内的像素

图3-71 绘制骷髅3
上的"S"

图3-72 修改"P"的
颜色和形状

❽ 单击"蓝色饮品"图层缩略图,载入选区(图3-73),执行"羽化"命令,羽化值为100像素。新建图层,填充选区为深蓝色(#of1c57)(图3-74)。将投影图层移到蓝色饮品图层下方,调整位置,将图层的"填充"改为37%,效果如图3-75所示。

图3-73 载入选区

图3-74 填充羽化的选区

图3-75 调整填充度和位置

⑨ 给海报添加文案，最终效果如图3-76所示。

案例小结

通过本案例的学习，对以下知识点、技能点有了
更熟练的掌握：

☑　能使用钢笔工具抠取图像；

☑　能对图层进行缩放、旋转、移动等操作；

☑　能对选区进行存储、载入、羽化、填充等操作；

☑　初步掌握图文排版的方法。

图3-76　最终效果图

4

图像的绘制与修饰

⌛ 课时分配：4 课时

🎯 教学目标

知识目标
1. 掌握图像填充的方法。
2. 掌握画笔工具、擦除工具、形状工具的使用方法。
3. 掌握图像修补、修饰工具的使用方法。

能力目标
1. 能运用本章所学知识绘制图像。
2. 能对图像进行色彩调整、修饰、修补等操作。

思政目标 运用本章所学，绘制国潮吹风机，培养民族自豪感、职业使命感，培养精益求精的工匠精神。

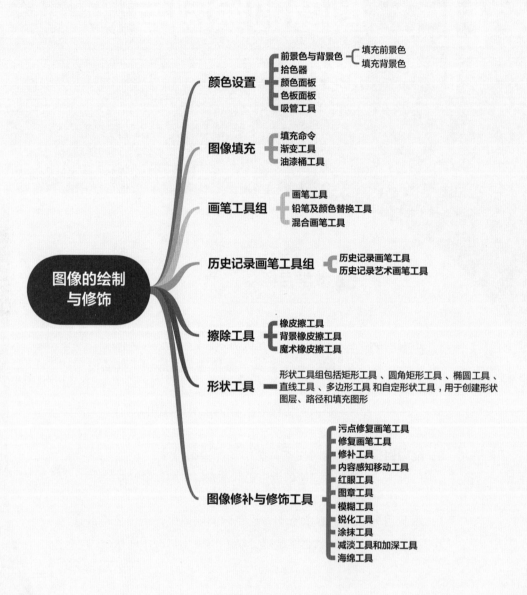

图像的绘制与修饰

颜色设置
- 前景色与背景色
  - 填充前景色
  - 填充背景色
- 拾色器
- 颜色面板
- 色板面板
- 吸管工具

图像填充
- 填充命令
- 渐变工具
- 油漆桶工具

画笔工具组
- 画笔工具
- 铅笔及颜色替换工具
- 混合画笔工具

历史记录画笔工具组
- 历史记录画笔工具
- 历史记录艺术画笔工具

擦除工具
- 橡皮擦工具
- 背景橡皮擦工具
- 魔术橡皮擦工具

形状工具
- 形状工具组包括矩形工具、圆角矩形工具、椭圆工具、直线工具、多边形工具和自定形状工具，用于创建形状图层、路径和填充图形

图像修补与修饰工具
- 污点修复画笔工具
- 修复画笔工具
- 修补工具
- 内容感知移动工具
- 红眼工具
- 图章工具
- 模糊工具
- 锐化工具
- 涂抹工具
- 减淡工具和加深工具
- 海绵工具

颜色设置在Photoshop中的应用是比较广泛的，使用画笔、渐变、文字等工具以及进行填充、描边、编辑蒙版、修饰图案等操作时，都需要设置好颜色。

4.1.1 前景色与背景色

在工具栏底部有一组图标，用于设置前景色（黑色）、背景色（白色），以及切换和恢复这些颜色，如图4-1所示。

（1）**前景色** 使用绘画工具（画笔和铅笔）绘画填充、使用文字工具创建文字以及创建渐变（默认的渐变颜色从前景色开始到背景色结束）时，会用到前景色。填充前景色的快捷键是Alt+Delete键。

（2）**背景色** 使用橡皮擦工具擦除图像时，被擦区域会呈现背景色。填充背景色的快捷键是Ctrl+Delete键。

（3）**设置前景色和背景色** 详见第3章中"知识插播——设置前景色和背景色"内容。

图4-1 工具栏

4.1.2 拾色器

打开"拾色器"对话框，如图4-2所示。单击渐变条可选取颜色，单击色域可定义所选颜色的饱和度和亮度。"拾色器"对话框中有诸多参数和选项，具体用法如下：

（1）**溢色警告** RGB、HSB和Lab颜色模型中的一些颜色在CMYK模型中没有等同的颜色，就会出现溢色警告。出现警告后，可以单击它下面的小方块，将溢色颜色替换为CMYK色域中与其最为接近的颜色。

（2）**非Web安全色警告** 表示当前设置的颜

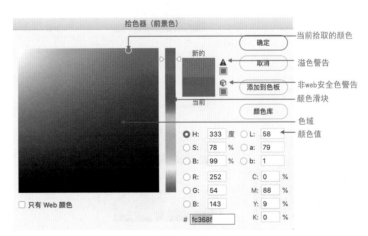

图4-2 "拾色器"对话框

色不能准确显示，单击警告下面的小方块，可以将颜色替换为与其最为接近的Web安全颜色。

（3）**只有Web颜色** 只在色域中显示Web安全色。

（4）**颜色值** 在各个颜色模型中输入颜色值，可精确定义颜色，并且在"#"文本框中输入十六进制会出现特定的颜色，例如，000000是黑色。

（5）**颜色库** 单击"颜色库"按钮，会切换到"颜色库"对话框（图4-3）。通过颜色库设置颜色，首先在"色库"下拉列表中选择一个颜色系统，然后在光谱上选择颜色范围，最后在颜色列表中选择需要的颜色。如果要切换回"拾色器"对话框，单击右侧的"拾色器"按钮即可。

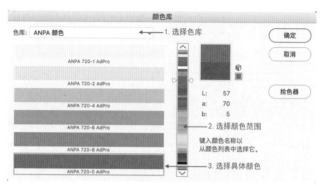

图4-3　通过颜色库设置颜色

4.1.3 颜色面板

Photoshop中的"颜色"面板与调色盘类似。执行"窗口>颜色"命令，打开"颜色"面板，在R、G、B文本框中输入数值，或拖拽滑块，即可调配颜色（图4-4）。使用"颜色"面板选取颜色时，可以不受文件颜色模式的限制。可以单击面板右上角的■按钮，选择不同的颜色模型调配颜色。如图4-5所示为"颜色"面板不同选项的面板界面。

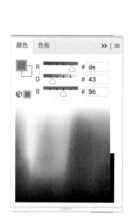

图4-4　"颜色"面板

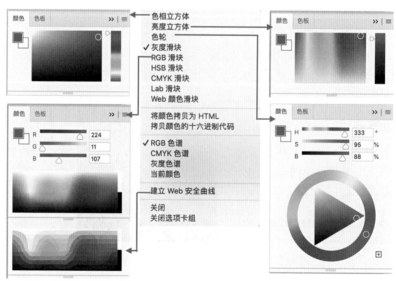

图4-5　"颜色"面板不同选项的界面

4.1.4 色板面板

"色板"面板中提供了各种常用的颜色，这在Photoshop中是最快速的颜色选取方法。

"色板"面板顶部一行是最近使用过的颜色，下方是色板组。单击其中一个颜色，可将其设置为前景色，按住Alt键并单击可设置为背景色，如图4-6所示。

单击面板底部的保存按钮 ▣，可保存自定义颜色组。如果面板中有不需要的颜色，可拖拽到面板底部的删除钮 🗑 上删除。

单击面板右上角的 ☰ 按钮，可以调出"色板"面板菜单，如图4-7所示。使用"色板"面板菜单中的"旧版色板"命令，可以加载之前版本的色板库。添加、删除或载入色板库后，可以执行面板菜单中的"复位色板"命令，让"色板"面板恢复为默认颜色，以减少内存的占用。

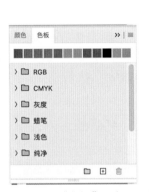

图4-6 "色板"面板　　图4-7 "色板"面板菜单

4.1.5 吸管工具

吸管工具是提取颜色的快捷工具。如果发现图像中有可借鉴的配色，可以用吸管工具拾取。选择吸管工具 🖋，将鼠标放在图像上，单击可以显示一个取样环，此时可拾取单击点的颜色，并将其设置为前景色。使用画笔、铅笔、渐变、油漆桶等绘画类工具时，可以按住Alt键，切换为吸管工具，拾取颜色。除在Photoshop软件内拾取颜色，还可将Photoshop窗口调小，从计算机桌面和网页中的图片上拾取颜色。

吸管工具属性栏如图4-8所示，关键参数如下：

图4-8 吸管工具属性栏

①取样大小。用来设置吸管工具的取样范围。

②样本。选择"当前图层"，表示只在当前图层上取样；选择"所有图层"，表示可以在所有图层上取样。

③显示取样环。勾选该选项，拾取颜色时显示取样环。

　　填充是指在图像或选取内部以及图层蒙版和通道内填充颜色、渐变和图案。油漆桶工具 🖍️、图案图章工具 ✎、渐变工具 ▰、填充命令都属于填充工具。此外，创建形状图层时，形状图形内部也可填充，图层样式对话框中也包含填充效果。本节主要介绍填充命令、渐变工具和油漆桶工具。

4.2.1　填充命令

　　（1）"编辑>填充"命令　执行"编辑"→"填充"命令，可对图像进行填充，弹出"填充"对话框，如图4-9所示。

图4-9　填充对话框

　　"填充"对话框中有如下几个选项：

　　①使用。在默认状态下，填充色是前景色，可在"内容"选项的下拉列表中选择其他方式，可选择颜色，也可选择图案进行填充。

　　②模式。选择填充对象与背景的混合模式。

　　③不透明度。设置填充图案的不透明度。

　　④保留透明区域。在普通图层中填充对象时，保留图层中的透明区域不被填充。

　　（2）自定义图案填充　可以通过执行"编辑>填充"命令填充图案，不仅可以填充Photoshop自带的图案，还可以填充自定义的图案。

　　创建自定义图案可分为两步：打开"素材04\图案"，使用矩形选框工具将要定义的图案选中，如图4-10所示（注意选区的羽化值为0）；然后执行"编辑>定义图案"命令，弹出"图案名称"对话框，如图4-11所示，输入图案名称后，单击"确定"按钮即可。

图4-10　选择图案　　　　　　图4-11　图案名称设置

　　完成自定义图案的创建后，新建图层填充白色，置于底层，作为背景。再新建一个图层置于顶层，用于图案填充。

执行"编辑>填充"命令，在"内容"选项的下拉列表中选择"图案"，单击"自定义图案"，在其下拉列表中选择设定好的图案作为填充内容；勾选"脚本"，选择"砖形填充"，如图4-12所示。画面跳转到"砖形填充"对话框，如图4-13所示，单击"确定"，最终效果如图4-14所示。

Photoshop提供了6种脚本图案，分别是砖形填充、十字织物填充、沿路径置入、随机填充、螺旋、对称填充，具体效果如图4-14至图4-19所示。

图4-12　填充对话框

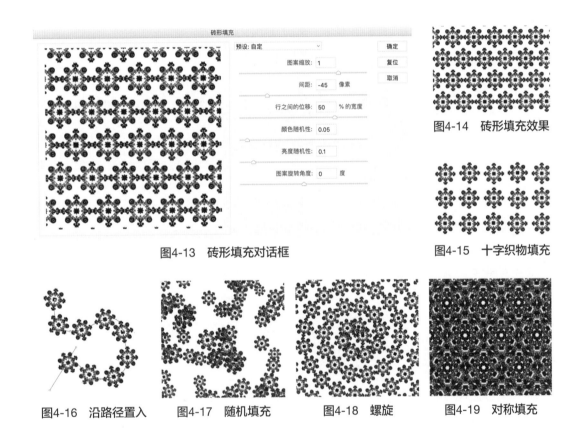

图4-13　砖形填充对话框

图4-14　砖形填充效果

图4-15　十字织物填充

图4-16　沿路径置入　图4-17　随机填充　图4-18　螺旋　图4-19　对称填充

4.2.2 渐变工具

渐变工具 是用于表现颜色变化的工具，可在图像、图层蒙版、快速蒙版和通道等不同对象上进行渐变填充。设置好渐变参数后，在图层或选区中按住鼠标拖动，就能将图层或选区填充为渐变色。

（1）**渐变样式**　Photoshop提供了5种渐变样式，如图4-20所示。

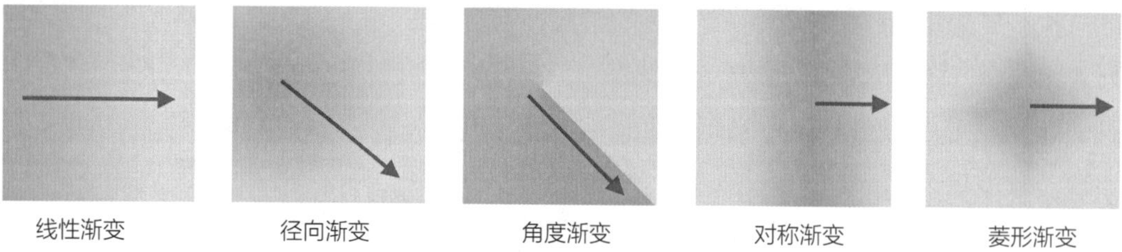

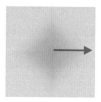

图4-20　渐变样式

①线性渐变。沿直线从起点渐变到终点。

②径向渐变。以圆心为起点向四周渐变。

③角度渐变。围绕起点以逆时针扫描方式渐变。

④对称渐变。在起点的两侧镜像相同的线性渐变。

⑤菱形渐变。从中心向外围渐变，形成菱形图案。

（2）**渐变属性栏**　渐变工具属性栏如图4–21所示。

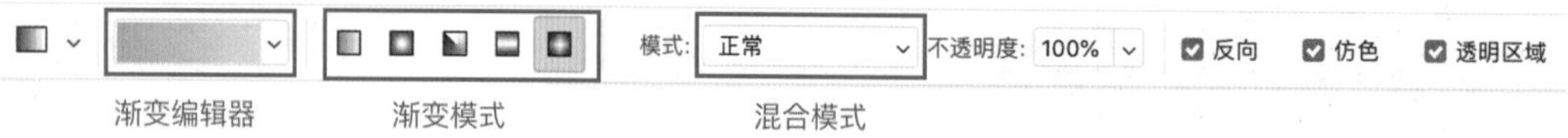

图4-21　渐变工具属性栏

①模式。应用渐变时用到的混合模式。

②不透明度。设置填充图案的不透明度，数值越大图案不透明度越高。

③反向。选中后可以获得和原设置的渐变相反的渐变结果。

④仿色。选中该选项后，渐变效果过渡会显得更加平滑，防止打印时出现条带状色块。

⑤透明区域。选中该选项后，可以实现从有色到透明的渐变效果。

（3）**渐变编辑器**　单击属性栏上的渐变色条，可以打开渐变编辑器，如图4–22所示。通过渐变编辑器，可以设置渐变的色彩，还可以保存常用的渐变样式。

①单击渐变颜色条可以在该处添加色标。

②选择一个色标后，单击"删除"按钮，或者直接将它拖拽至渐变颜色条外，可以将其删除。

③单击颜色选项边的色块，或双击该色标都可以打开"拾色器"对话框，在"拾色器"对话框中调整该色标颜色，便可修改渐变颜色。

④选择一个色标进行拖拽，或者在"位置"文本框中输入值，可以改变渐变色混合位置。拖拽两个渐变色

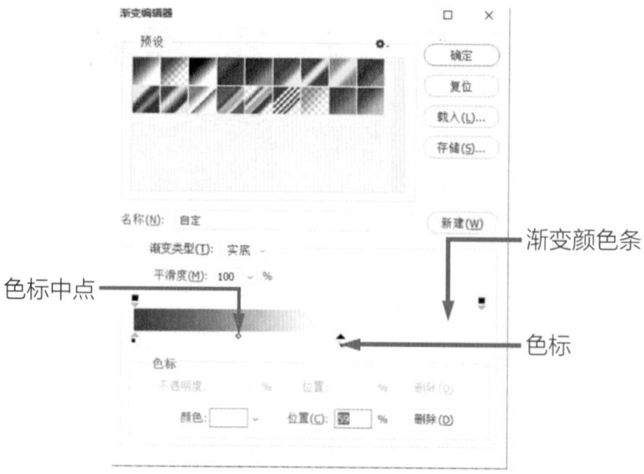

图4-22　渐变编辑器

标之间的菱形图标（中点），可以调整该点两侧颜色混合位置。

4.2.3 油漆桶工具

油漆桶工具可以对图层或者当前图层中的选区进行颜色的填充。选择油漆桶工具（快捷键G），在准备填充的区域，单击鼠标即可实现颜色或图案的填充。油漆桶工具属性栏如图4-23所示。

图4-23　油漆桶工具栏

（1）**容差**　油漆桶工具只能填充图像或选区中与鼠标单击位置颜色相近的像素区域。例如对图4-24中的天空进行填充，用鼠标单击图片右上角，画面中与右上角天空颜色相近的区域被填充成同一颜色，如图4-25所示。容差大小决定了填充的范围，容差值越低，填充范围越小。

图4-24　填充前

图4-25　填充后

（2）**消除锯齿**　勾选此复选框，则填充选区的边缘平滑，否则边缘较粗糙。

（3）**连续**　勾选此复选框，则只填充与鼠标单击位置相连的区域，否则填充图层中所有容差值范围内的区域。

（4）**所有图层**　勾选此复选框，填充所有图层；否则只填充当前图层。

4.3　画笔工具组

画笔工具组包括画笔工具、铅笔工具、颜色替换工具、混合画笔工具，如图4-26所示。它们通过涂抹的方式进行图像绘制。

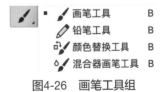

图4-26　画笔工具组

4.3.1 画笔工具

画笔工具可以通过不同的笔刷表现不同画材不同情况下多种多样的笔触效果。

画笔工具属性栏如图4-27所示，可以设置画笔的大小、笔触、不透明度、流量等参数。

（1）**画笔预设** 单击画笔工具属性栏中的画笔预设按钮，打开画笔预设面板，可以设置画笔大小、硬度和画笔形状。

（2）**模式** 设置画笔的混合模式。

（3）**不透明度** 可以改变画笔所绘颜色的透明程度。数值越小，透明度越大。

（4）**数位板控制画笔** 使用数位板进行绘图时，可以开启"始终对不透明度使用压力" ⃠ 和"始终对大小使用压力" ⃠ ，这样可以通过数位笔的按压触控来控制笔触的透明度和大小。

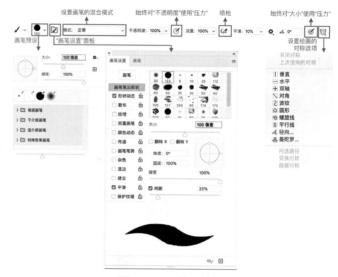

图4-27 画笔属性栏

（5）**流量** 调整画笔工具绘制图像时颜色流出的速度，数值越小，画笔绘出的颜色越淡。

（6）**喷枪效果** 使用喷枪工具时，画笔在长按鼠标时，会有喷枪喷洒扩散的效果，使画笔笔触更柔和。

（7）**设置绘画的对称选项** 选择特定的对称路径，可以轻松绘制出基于路径的对称图案。

（8）**画笔设置** 选择画笔工具（B），单击工具栏中画笔设置按钮 ⃠ ，进入"画笔设置"面板，如图4-28所示。

下面介绍"画笔设置"面板中常见的几个选项：

①画笔笔尖形状。可选择不同的画笔笔尖，以及设置笔尖的直径、角度、圆度、硬度、间距等参数。

②硬度。画笔硬度越大边缘越清晰。

③大小。通过输入设定数值或者移动滑块调整画笔大小，还可以通过快捷键"["缩小画笔或"]"放大画笔。

④间距。画笔间距是指画笔点之间的间隔大小。

⑤角度/圆度。画笔的角度是指画笔在长轴水平方向旋转的角度，圆度是指画笔在垂直于画面

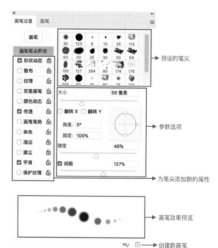

图4-28 "画笔设置"面板

轴向上的旋转效果。可以通过拖动图例中的三角形图标对画笔的角度进行调整，拖动圆形图标对画笔的圆度进行调整，或者在数值栏内输入具体数值进行精确调整。

⑥形状动态。通过调整参数，可绘制出粗细不均匀、角度变化多样的线条，如图4-29所示。

⑦散布。可控制画笔的分散或集中程度，百分数越大，画笔越分散，如图4-30所示。

⑧纹理。可以在画笔上添加纹理效果。

⑨双重画笔。可以使用两个笔尖创建画笔的笔迹，如图4-31所示。

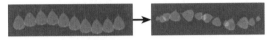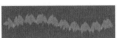

图4-29　形状动态　　　　　　　图4-30　散布　　　　图4-31　双重画笔

⑩动态颜色。通过设置参数，可绘制有颜色变化的笔触。

♛ 实战案例：枫叶画笔设置

①打开"素材04\枫叶"，使用快速选择工具选出画面中的枫叶，如图4-32所示。

②执行"编辑>定义画笔预设"命令，弹出"画笔名称"对话框，将画笔命名为"枫叶"，单击"确定"按钮，保存枫叶图案的画笔，如图4-33所示。

③打开"画笔设置"面板，设置枫叶画笔。修改枫叶画笔的大小和间距，如图4-34所示。勾选形状动态，设置大小抖动和角度抖动，如图4-35所示。设置散布，如图4-36所示。设置颜色动态，勾选"应用每笔尖"，如图4-37所示。

图4-32　素材04\枫叶　　　　　　　图4-33　保存画笔

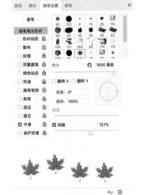

图4-34　调整大小和间距　图4-35　设置形状动态　图4-36　设置散布　图4-37　设置颜色动态

④单击"画笔设置"面板右下角的"创建新画笔"按钮⊞，创建设置好的画笔，如图4-38所示。

⑤新建A4大小文件，将背景图层填充颜色#f8edd0。新建图层，选择设置好的枫叶画笔，选择喜欢的颜色绘制枫叶，如图4-39所示。

⑥添加文字素材，拖入"素材04\一叶知秋"，放置在合适位置，添加小字诗句，如图4-40所示。

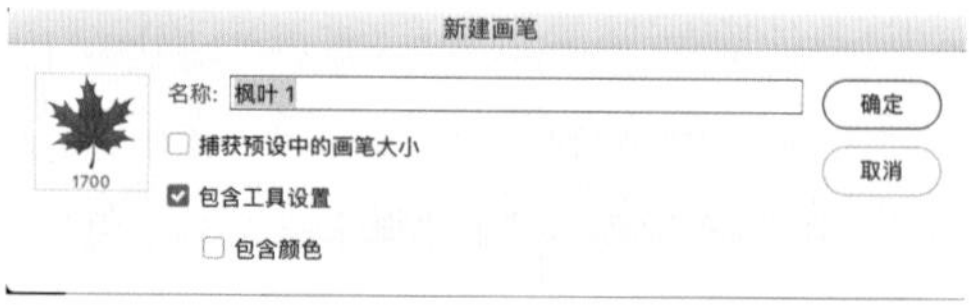

图4-38　创建新画笔

图4-39　绘制枫叶 　　图4-40　添加文字素材

4.3.2 铅笔及颜色替换工具

4.3.2.1 铅笔工具

铅笔工具🖊的使用方法与画笔工具类似，能绘制出硬边的线条。

4.3.2.2 颜色替换工具

颜色替换工具🖌可以用前景色替换鼠标指针所在位置的颜色，比较适合修改小范围、局部图像的颜色。该工具不能用于位图、索引和多通道颜色模式图像。图4-41所示为颜色替换工具的属性栏。

图4-41　颜色替换工具属性栏

（1）**模式**　用来设置可以替换的颜色属性，包括"色相""饱和度""颜色""明度"。默认为"颜色"，表示可以同时替换色相、饱和度和明度。

（2）**取样**　用来设置颜色的取样方式。单击连续按钮🖌后，在拖拽鼠标时可连续对颜色取样；单击按钮🖌后，只替换包含第一次单击的颜色区域中的目标颜色；单击背景色板按钮🖌后，只替换包含当前背景色的区域。

（3）**限制**　选择"不连续"，只替换出现在鼠标指针下的样本颜色；选择"连续"，可替换与鼠标指针（即圆形画笔中心的十字线）挨着的且与鼠标指针所在位置颜色相近的其他颜色；选择"查找边缘"，可替换包含样本颜色的连接区域，同时保留形状边缘的锐化程度。

（4）**容差**　用来设置工具的容差。颜色替换工具只替换鼠标单击点颜色容差范围内的颜色，该值越高，对颜色相似性的要求就越低，也就是说可替换的颜色范围越广。

（5）**消除锯齿**　勾选该选项，可以为校正的区域定义平滑的边缘，从而消除锯齿。

🔖 实战案例：替换猫眼颜色

①打开背景"素材04\猫"，复制背景图层，以免破坏原始图像，如图4-42所示。设置前景色为#fbeb9e，如图4-43所示。

②选择颜色替换工具，单击连续按钮❗，将"容差"设置为100%，模式为"颜色"，如图4-44所示。然后在黄色小猫的眼珠上涂抹，将它的眼白部分替换为淡黄色，效果如图4-45所示。

③将前景色设置为#ccf8f9，如图4-46所示。用同样的方法涂抹灰色猫的眼珠，得到效果如图4-47所示。最终效果如图4-48所示。

图4-42　复制背景图层　　　　　　　图4-43　设置前景色

图4-44　工具属性栏设置

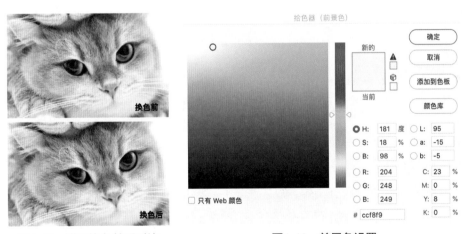

图4-45　猫眼换色前后对比　　　　　图4-46　前景色设置

图4-47 猫眼换色前后对比

图4-48 最终效果

4.3.3 混合画笔工具

混合画笔工具❊可以轻松模拟绘画的笔触感效果，并且可以混合画布颜色。下面通过该工具的图像采集功能，将渐变球作为图像样本，制作立体字。

♛ **实战案例：混合画笔绘制立体字**

①新建A4大小空白文件，再新建一个图层。选择椭圆选框工具，按住Shift键并拖拽鼠标，创建一个圆形选区，选择渐变工具，单击工具栏中 ▨，打开"渐变编辑器"对话框，单击渐变色标，打开拾色器对话框。两个色标，一个设置为#5eac78，另一个设置为# 63fefc，在选框中填充渐变，如图4-49所示。最后取消选区。

图4-49 绘制一个渐变圆形

②设置混合画笔工具。选择混合画笔工具和硬边圆笔尖（大小为200像素）并单击❊按钮，选择"干燥，深描"及设置其他参数，如图4-50所示。在画笔设置面板中将间距设置为1%，将鼠标指针放在渐变圆上，指针大小不要超出圆形边缘，若超出可以通过"["和"]"调整笔尖大小。按住Alt键，单击渐变圆进行取样。

❊ ⬤ ▢ ◐ ❊ ✕ 干燥，深描 ∨ 潮湿：0% ∨ 载入：100% ∨ 混合： ∨ 流量：100% ⬤ ◯ 10% ∨ ⚙ ⊿ 0° □ 对所有图层取样 ✏

图4-50 设置混合画笔

③用钢笔工具绘制字母"I LOVE U"的路径，注意每绘制一个字母都新建一条路径，如图4-51所示。

④关闭渐变圆图层，新建图层。选中"I"路径，选择混合画笔工具，确认画笔大小为200像素，硬度为100%。单击路径面板，单击面板底部的路径描边按钮 ◯ ，即可获得"I"的立体字，如图4-52所示。

⑤用同样的方式，对路径"L""O""V""E"和"Y""O""U"进行路径描边，为了后期便于调整各个字母的前后关系，建议将每个字母绘制在不同的图层上。最后调整各个字母的位置与角度，得到效果如图4-53所示。

⑥为画面添加渐变背景。新建图层置于底部，选择渐变工具，在渐变编辑器的预设中，选择云彩_01，如图4-54所示。选择线性渐变填充背景，最终填充效果如图4-55所示。

图4-51　绘制字母路径

图4-52　绘制"I"　　图4-53　绘制气球字　　图4-54　设置渐变　　图4-55　添加渐变背景

4.4　历史记录画笔工具组

历史记录画笔工具组包括历史记录画笔工具 ✍ 和历史记录艺术画笔工具 ✍。历史记录画笔工具可以进行局部恢复图像，历史记录艺术画笔工具在恢复图像的同时还会进行艺术化处理。二者都需要配合历史记录进行使用。

4.4.1　历史记录画笔工具

历史记录画笔工具 ✍ 可将图像中的某部分恢复至某一历史状态，其工具属性栏如图4-56所示。

图4-56　历史记录画笔工具属性栏

历史记录画笔工具要结合其他操作绘制才可达到某种效果，下面的案例将介绍如何使用历史记录画笔工具使照片中的人像“重返青春”。

实战案例：历史记录画笔处理人像

①打开素材图片“素材04\老人”，如图4-57所示。

②执行“滤镜>模糊>高斯模糊”命令，对弹出的“高斯模糊”对话框进行设置，如图4-58所示，得到如图4-59所示效果。

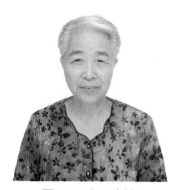

图4-57 打开素材

高斯模糊
确定
复位
预览(P)
13%
半径(R): 15.0 像素

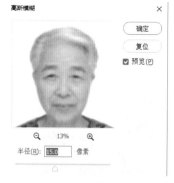

图4-58 高斯模糊设置

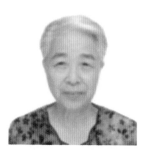

图4-59 高斯模糊效果

③打开历史记录，单击“打开”，然后使用历史记录画笔工具，单击“高斯模糊”前面的方框，如图4-60所示。

④使用历史记录画笔工具涂抹人像的面部，注意留出嘴唇、头发、睫毛、眉毛等细节部位，最终效果如图4-61所示。

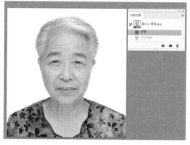

图4-60 选择“高斯模糊”

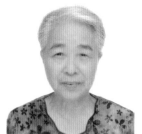

图4-61 涂抹人像面部

4.4.2 历史记录艺术画笔工具

历史记录艺术画笔工具与历史记录画笔工具的功能基本相同，区别在于此工具有艺术笔触的效果。其工具栏如图4-62所示。

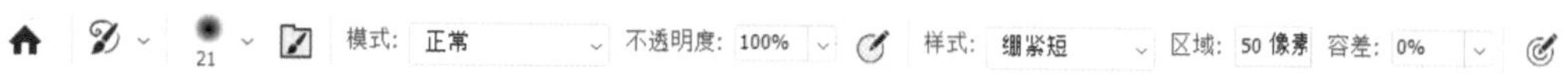

21
模式: 正常
不透明度: 100%
样式: 绷紧短
区域: 50 像素
容差: 0%

图4-62 历史记录艺术画笔工具栏

（1）**样式** 可在下拉栏中选择选项来控制绘画描边的形状，如"绷紧短""松散长""轻涂"等。

（2）**区域** 用来设置绘画描边所覆盖的区域，数值越大覆盖范围越大。

下面是使用历史记录画笔绘制图像的案例：打开"素材04\草莓"，如图4-63所示，使用油漆桶工具将画面背景填充为黄色，如图4-64所示。使用历史记录艺术画笔工具进行涂抹，达到如图4-65所示效果。

图4-63　打开素材　　　　图4-64　将背景填充为黄色　　　　图4-65　涂抹效果图

4.5 擦除工具

在绘制图像的过程中，需要擦除部分不需要的图像。Photoshop提供了三种擦除工具，分别是橡皮擦工具、背景橡皮擦工具、魔术橡皮擦工具。

4.5.1 橡皮擦工具

橡皮擦工具可擦除图像的像素。在普通图层中，擦除部分填充为透明色；在背景图层中，擦除部分填充为背景色。橡皮擦工具的使用方法与画笔工具基本相同。工具属性栏如图4-66所示。

图4-66　橡皮擦工具栏

（1）**模式** 橡皮擦的模式有"画笔""铅笔""块"3种，能提供不同的笔触效果。

（2）**不透明度** 用于设置工具的擦除强度，100%的不透明度可以将像素完全擦除，较低的不透明度会将部分像素擦除（模式为"块"时不可使用该选项）。

（3）**流量**　用于控制工具的涂抹速度。

（4）**抹到历史记录**　与历史记录画笔工具的作用相同。勾选该选项后，在"历史记录"画板中选择一个状态或者快照，再擦除时可以将图像恢复至指定状态。

4.5.2　背景橡皮擦工具

背景橡皮擦工具  可擦除图像的像素。不论是普通图层还是背景图层，擦除的部分均为透明。如在背景图层中操作，背景图层将被转化为普通图层。背景橡皮擦工具栏如图4-67所示。

图4-67　背景橡皮擦工具栏

（1）**取样**　取样有三种方式，分别是"连续""一次""背景色板"。

①连续 。默认的设置选项，在该选项下拖动鼠标时，Photoshop会随着光标的移动连续取样十字线所在位置的颜色。

②一次 。选择该模式后，拖动鼠标时只擦除包含第一次鼠标单击点颜色的区域，这样擦除时只需要定位好第一次取样得到颜色，不必时刻关注光标十字线位置。

③背景板 。擦除时，只擦除包含当前背景色的区域，首先需要使用滴管工具确定一个背景色，再切回"背景板"模式，此时涂抹只会擦掉与背景色相似的颜色。

（2）**限制** 限制: 连续　　限制选项包含"不连续""连续""查找边缘"。可以控制在拖动鼠标进行涂抹时，是擦除连接的像素还是擦除工具范围内所有相似的像素。

（3）**容差**　容差的数值决定了选中像素与样本颜色的相似程度。

（4）**保护前景色**　勾选此复选框，则在擦除过程中保护前景色不被擦除。

4.5.3　魔术橡皮擦工具

魔术橡皮擦工具 可一次性擦除颜色接近的区域，工具栏如图4-68所示。

图4-68　魔术橡皮擦工具栏

（1）**消除锯齿**　选中该选项后可以使擦除区域的边缘变得平滑，减少锯齿感。

（2）**连续**　勾选此复选框，只擦除容差范围内相连的像素；如未勾选，擦除图层上所有容差范围内的像素。

（3）**对所有图层取样**　选中该选项时，所有图层中的相似像素将同时被擦除。

4.6 形状工具

形状工具组包括矩形工具 ▢、圆角矩形工具 ▢、椭圆工具 ◯、直线工具 ╱、多边形工具 ⬡ 和自定义形状工具 ✿，用于创建形状图层、路径和填充图形。其工具属性栏如图4-69所示。

图4-69　形状工具属性栏

（1）形状▾　可以在该栏的下拉栏中选择使用形状工具绘制"形状""路径"或"像素"。

（2）**填充**　在选择形状的状态下，可以在 填充:╱ 选项中选择为图形填充"颜色""渐变""图案"。

（3）**描边**　在选择形状的状态下，可以在 描边:╱ 10点 …… 中设置描边的样式和大小。

（4）**形状**　可以在 W:0像素 ∞ H:0像素 中，通过输入数值的方式调整图形的大小。

（5）**直线工具**　直线工具使用前景色绘制直线段或带箭头的直线段。

（6）**规则多边形和椭圆工具**　规则多边形和椭圆工具包括矩形工具、圆角矩形工具、椭圆工具、多边形工具，可以绘制多边形的形状、路径或像素。

（7）**自定义形状工具**　可以从自定义形状面板中选择丰富的形状进行绘制。

4.7 图像修补与修饰工具

Photoshop提供了众多的图像修补与修饰工具，包括污点修复画笔工具 ✐、修复画笔工具 ✐、修补工具 ▦、内容感知移动工具 ✂、红眼工具 ✛、仿制图章工具 ▮、图案图章工具 ▮、模糊工具 ◌、锐化工具 △、涂抹工具 ✍、减淡工具 ◖、加深工具 ◔、海绵工具 ▨。这些工具能够高效地对图像进行修补和修饰。

4.7.1 污点修复画笔工具

污点修复画笔工具 ✐ 可以快速除去画面中的小污点、小瑕疵。选择该工具，调整画笔大小，在污点位置单击或拖拽，画面就会自动去除污点。如图4-70所示为使用污点修复画笔工具去除宝宝的面部瑕疵和衣服上的红点图案。

污点修复画笔工具的属性栏如图4-71所示。

（1）**模式** 用来设置修复图像时使用的混合模式。除了"正常"和"正片叠底"等常用模式外，还有一个"替换"模式，这个模式可以保留画笔边缘处的杂色、胶片颗粒和纹理。

（2）**类型** 用来设置修复的方法。选择"近似匹配"选项时，可以用笔触周围的像素来修补笔触位置的像素；选择"创建纹理"选项时，可以使用选区中的所有像素创建一个用于修复该区域的纹理；选择"内容识别"选项时，可以使用选区周围的像素进行修复。

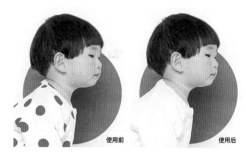

图4-70 使用污点修复画笔去除瑕疵

图4-71 污点修复画笔工具属性栏

4.7.2 修复画笔工具

修复画笔工具 ![icon] 与污点修复画笔工具看起来很相似，但其实使用起来差别很大。使用修复画笔工具时，需要进行取样。例如，要去除图4-72中的蜜蜂，使用修复画笔工具，按住Alt键的同时在画面绿色背景处左击鼠标进行取样，然后调好画笔大小，涂抹蜜蜂位置，蜜蜂即可被涂抹掉。

修复画笔工具的属性栏如图4-73所示。

（1）**源** 设置用于修复像素的源。选择"取样"选项时，可以使用当前图像的像素来修复图像；选择"图案"选项时，可以使用某个图案来作为取样点。

（2）**对齐** 勾选"对齐"选项，可以连续对像素进行取样，即使释放鼠标也不会丢失当前的取样点。

图4-72 使用修复画笔

图4-73 修复画笔工具属性栏

关闭"对齐"选项后，松开鼠标，再单击画面，将使用最初设置的取样点样本像素。

（3）**样本**　选择从哪个图层取样，包括"当前图层""当前和下方图层"和"所有图层"。

4.7.3 修补工具

修补工具可从图像中选取其他的区域修补在当前选中的区域内，修复的区域能和周围的区域完美融合。与修复画笔工具相比，修补工具的最大特点是能够大面积修补图像。修补工具属性栏如图4-74所示。

图4-74　修补工具属性栏

（1）**源**　点选此单选按钮，表示用目标像素修补选取中的像素。先选择要修补的区域，拖动选区至用于修补的目标区域，放开鼠标后，用于修补的图像被复制至修补区。

（2）**目标**　点选此单选按钮，与点选"源"单选按钮的结果相反。

（3）**使用图案**　选择此项，选择预设图案或自定义图案修补选区。

（4）**使用案例**　打开"素材04\羊"（图4-75），用修补工具选择需要修复的区域，如图4-76所示。按住鼠标拖动选区，将选区拖至用于修补的目标区域，如图4-77所示。松开鼠标，选区图像被目标区域的图像修补，按Ctrl+D键取消选区，得到效果如图4-78所示。

图4-75　原图

图4-76　选择需要修复区域

图4-77　移动鼠标至用于修补的区域

图4-78　修补效果

4.7.4 内容感知移动工具

内容感知移动工具 能够将图片中的对象移动位置，同时，还会根据图形周围的环境自动修补移出的部分。内容感知移动工具属性栏如图4-79所示。

图4-79　内容感知移动工具属性栏

使用案例　打开"素材04\羊"，用内容感知移动工具选择需要移动的区域，如图4-80所示。然后按住鼠标左键不放，将所选区域拖拽到右侧，如图4-81所示。释放鼠标，按回车键完成移动，如图4-82所示。按Ctrl+D键取消选区，得到最终移动效果，如图4-83所示。

图4-80　选出需要移动的区域

图4-81　移动选区中的图案

图4-82　完成移动

图4-83　取消选区

4.7.5 红眼工具

红眼工具✛◎能快速消除拍照时由于闪光灯使用不当等原因造成的红眼现象。

打开"素材04\红眼"，用红眼工具涂抹红眼部位，即可消除红眼，如图4-84所示。

图4-84　红眼工具使用前后

4.7.6 图章工具

4.7.6.1 仿制图章工具

图章工具组包括仿制图章工具👤和图案图章工具👥。两者都能够准确复制图像，但两者的使用方式完全不同。仿制图章工具可以将图像上某个部位的像素复制到图像的其他部位。仿制图章工具属性栏如图4-85所示。

👤 ˅　●₂₁ ˅ 🗹 🖫　模式：正常　　˅ 不透明度：100% ˅ 🖌 流量：100% ˅ 🖌 ⟋ 0° 🗹对齐 样本：当前图层　　˅ 🚫 🖌

图4-85　仿制图章工具属性栏

（1）**画笔**　可选择不同的画笔仿制图章工具的大小、形状和边缘羽化程度。

（2）**对齐**　勾选此复选框，下一次复制的位置会和上一次的完全相同，图像的复制不会因为停止并再次拖动鼠标而发生错位。

（3）**样本**　选择从哪个图层取样，包括"当前图层""当前和下方图层"和"所有图层"。

（4）**使用案例** 打开"素材04\云"，使用仿制图章工具，勾选属性栏"对齐"复选框。鼠标移至云朵上，按住Alt键的同时单击鼠标取样，如图4-86所示。松开Alt键，将鼠标移至图像的其他区域，拖动鼠标就会将取样点的像素复制到鼠标拖动的位置。最终效果如图4-87所示。

图4-86　按住Alt键取样

4.7.6.2 图案图章工具

图案图章工具可将各种图案填充到图像中，其属性栏如图4-88所示。与仿制图章工具属性栏类似，不同的是图案图章工具不需要按住Alt键进行取样，而是直接选择软件自带的图案或自定义图案进行填充。

图4-87　最终效果

图4-88　图案图章工具属性栏

打开"素材04\图案"，框选其中一个图案，如图4-89所示，执行"编辑>定义图案"命令，弹出对话框，如图4-90所示，单击"确定"，设置好自定义图案。新建A4文档，选择图案图章工具，在图案拾色器中找到设置好的图案，勾选"对齐"复选框，如图4-91所示。新建图层，使用图案图章工具涂抹整个画面，得到效果如图4-92所示。

图4-89　选择图案

4.7.7 模糊工具

使用模糊工具在清晰的图像上涂抹，可使清晰的图像变得模糊柔和。模糊工具的工具属性栏如图4-93所示。打开"素材04\郁金香"，使用模糊工具后，效果如图4-94所示。勾选"对所有图层取样"复选框后，模糊工具的操作对所有图层均起作用。

图4-90　设置自定义图案

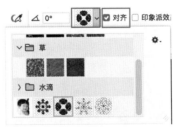

图4-91　设置图案图章工具

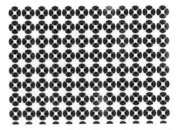

图4-92　图案图章工具使用效果

图4-93　模糊工具属性栏

4.7.8 锐化工具

锐化工具△的作用与模糊工具相反，使用锐化工具涂抹图像，可使涂抹的区域图像更清晰。使用效果如图4-95所示。

图4-94　模糊工具
使用效果

图4-95　锐化工具
使用效果

4.7.9 涂抹工具

涂抹工具可移动画面中像素的位置，创造用手指涂抹绘画的效果。涂抹工具使用效果如图4-96所示。

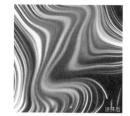

图4-96　涂抹工
具使用效果

4.7.10 减淡工具与加深工具

减淡工具可使图像颜色变亮，加深工具可使图像颜色变深。减淡工具属性栏如图4-97所示。

图4-97　减淡工具属性栏

（1）**范围**　确定调整的色调范围，有"阴影""中间调""高光"3种选择。

① "阴影"操作作用于图像较暗的阴影区域。

② "中间调"操作作用于图像中间调区域。

③ "高光"操作作用于图像较亮的区域。

（2）**曝光度**　设置工具的强度，百分数越大，效果越明显。

减淡工具和加深工具的效果如图4-98至图4-100所示。

图4-98　原图

图4-99　使用减淡工具后的
效果

图4-100　使用加深工具后的
效果

4.7.11 海绵工具

海绵工具![海绵工具图标]主要用于改变图像的饱和度，其属性栏如图4-101所示。

图4-101　海绵工具属性栏

海绵工具有"加色"和"去色"两种改变图像饱和度的模式。"加色"表示增加颜色的饱和度；"去色"表示减少颜色的饱和度。

图4-102所示为将一幅图像的局部分别进行"海绵工具"操作，顺序为加色、原图、去色的效果。

图4-102　海绵工具操作效果图

练一练　**绘制国潮吹风机**

[案例视频二维码]

案例视频

🖼 案例背景

在国潮兴起的背景下，年轻消费群体的传统文化消费力日益突显。这背后是中国年轻一代的文化自觉，越来越多的"90后"年轻人爱上"国潮"和"新文创"。设计精美、具有深厚文化底蕴的文创产品拥有年轻的消费市场。下面将运用本章所学知识来制作国潮吹风机，最终效果如图4-103所示。

图4-103　国潮吹风机

💡 制作思路

国潮吹风机的制作思路见表4-1。

表4-1　制作思路

序号	步骤	绘制效果	所用工具及要点说明
1	绘制路径	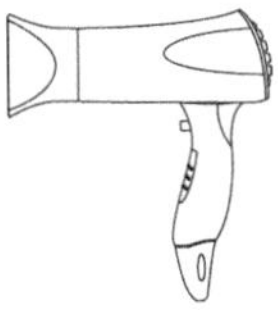 	使用钢笔工具绘制所有外轮廓

序号	步骤	绘制效果	所用工具及要点说明
2	填充色块		使用填充工具绘制色块
3	赋予立体感		使用加深、减淡工具绘制立体感，使产品更真实； 使用混合模式绘制立体感，使产品更真实
4	深化细节		使用描边路径绘制小细节； 使用加深、减淡及模糊工具绘制细节，使产品更真实
5	添加图案		添加传统图案的画笔预设，用画笔为吹风机和背景绘制传统图案

制作国潮吹风机的具体步骤

❶ 新建文档。打开Photoshop软件，按住Ctrl键的同时双击背景空白处，在弹出的"新建"对话框中，设置文件的"宽度"为1000像素，"高度"为713像素，"分辨率"为300像素/英寸，并将其命名为"吹风机"，如图4-104所示。

❷ 导入"素材04\吹风机"，然后将素材的填充度设置为50%，如图4-105所示。

图4-104　新建文件

❸ 使用钢笔工具绘制吹风机外轮廓，如图4-106所示。调整完成后切换到"路径"面板，单击路径面板中的路径，跳出存储路径对话框，如图4-107所示，单击"确定"。

❹ 单击路径面板中的新建路径按钮 ⊞ ，创建新的路径。然后绘制吹风机其他部位的路径。每绘制一个部分的路径都新建一个路径文档，如图4-108所示。

图4-105　导入
"素材04\吹风机"

图4-106　绘制机身路径

图4-107　保存路径

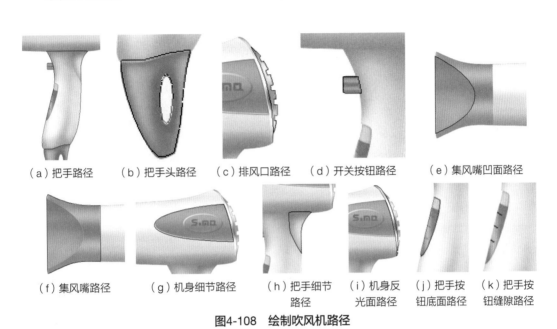

（a）把手路径　　　（b）把手头路径　　　（c）排风口路径　　　（d）开关按钮路径　　　（e）集风嘴凹面路径

（f）集风嘴路径　　　（g）机身细节路径　　　（h）把手细节　　　（i）机身反　　　（j）把手按　　　（k）把手按
　　　　　　　　　　　　　　　　　　　　　　　　路径　　　　光面路径　　　钮底面路径　　　钮缝隙路径

图4-108　绘制吹风机路径

⑤填充。吹风机基础色块。创建一个新图层，并选中图层；转换至路径界面，按住Ctrl键，并单击吹风机机身路径的缩略图，创建选区；设置前景色，并对其填充，如图4-109所示。

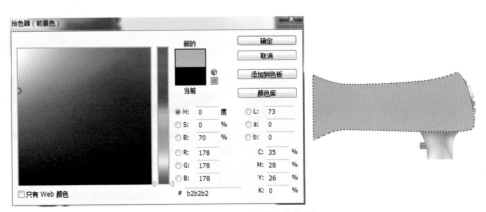

图4-109　绘制机身色块

⑥ 按步骤⑤的方法分别将其余部分进行填充，如图4-110至图4-119所示。

RGB：50,50,50
图4-110 绘制集风
嘴色块

RGB：80,80,80
图4-111 绘制
集风嘴凹面色块

RGB：50,50,50
图4-112 绘制机
身凹面色块

RGB：178,178,178
图4-113 绘制把
手色块

RGB：72,72,72
图4-114 绘制
机身尾部色块

RGB：50,50,50
图4-115 绘制按
钮色块

RGB：72,72,72
图4-116 绘
制通风口色块

RGB：156,156,156
图4-117 绘制把
手凹面色块

RGB：108,108,108
图4-118 绘制机身
凸面色块

RGB：108,108,108
图4-119 绘制把
手按钮底面色块

⑦ 绘制立体感。使用加深、减淡工具对其分别进行绘制，使其有立体感，如图4-120所示。

⑧ 调整画笔大小（2像素），设置前景色（RGB：16，16，16），新建一个图层，转换至路径面板，选择如图4-121所示的路径，执行"描边路径"命令，效果如图4-122所示。

⑨ 绘制细节高光。按住Ctrl键单击步骤⑧中的图层，创建选区，并新建一个图层，将其填充为白色，如图4-123所示。将白线图层移至黑线图层下方，并使用橡皮擦工具将白线上半段部分擦除，如图4-124所示。

图4-120 绘制立体感

图4-121 选择路径

图4-122 路径描边

图4-123 机身细节高光

图4-124 调整高光

⑩ 路径描边。同步骤⑧所述，新建图层，将把手、排风口等路径分别进行路径描边（1像素），描为黑色（RGB：16，16，16），效果如图4-125所示。

⑪ 绘制细节高光。新建图层，将图4-126所示的路径进行路径描边（1像素），描为白色边，并将其不透明度均调至15%，效果如图4-127所示。

图4-125　路径描边　　　　　　图4-126　选取路径　　　　　　图4-127　路径描边

⑫ 绘制机身凸起细节。双击椭圆图层的后方，在弹出的"图层样式"对话框中勾选"斜面和浮雕"复选框，如图4-128和图4-129所示。

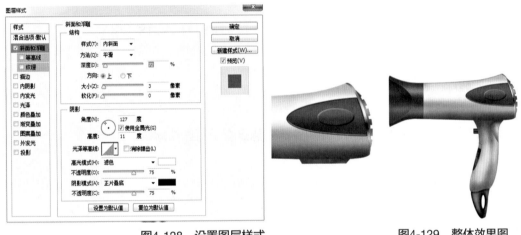

图4-128　设置图层样式　　　　　　　　　　图4-129　整体效果图

⑬ 设置国潮图案画笔。打开"素材04\国潮"，用选框工具框选图案，如图4-130所示。执行"编辑>定义画笔预设"命令，将画笔命名为"国潮"，单击"确定"，如图4-131所示。

图4-130　打开素材　　　　　　图4-131　设置国潮画笔

⑭ 切换回吹风机文件，新建图层，选择"国潮"画笔，调节画笔的大小，选择纯黑色为前景色，在吹风机把手处绘制图案，然后将图层的填充度调至60%，效果如图4-132所示。

⑮ 在背景图层上新建图层，调节画笔大小，绘制国潮图案底纹，将图层的填充设置为16%，最终效果如图4-133所示。

图4-132　添加国潮图案　　　　　　图4-133　最终效果图

☼ 案例小结

通过本案例的学习，对以下知识点、技能点有了更熟练的掌握：

☑　能使用钢笔工具绘制轮廓线；

☑　能使用填充工具绘制色块；

☑　掌握加深、减淡工具的操作及制作的效果；

☑　能通过路径描边绘制光感效果；

☑　能设置画笔预设并运用画笔工具。

5

图像的调整

🎯 教学目标

知识目标 1. 掌握调整命令和调整图层的使用方法。
2. 掌握Camera Raw的使用方法。

能力目标 1. 能使用各种调整命令调整画面颜色。
2. 能使用Camera Raw调整图像颜色。

思政目标 运用本章所学知识，将如今的温州五马街照片修
改成历史老照片，培育学生爱乡、爱国情怀。通
过各种色彩调整命令练习，培育学生精益求精的
工匠精神。

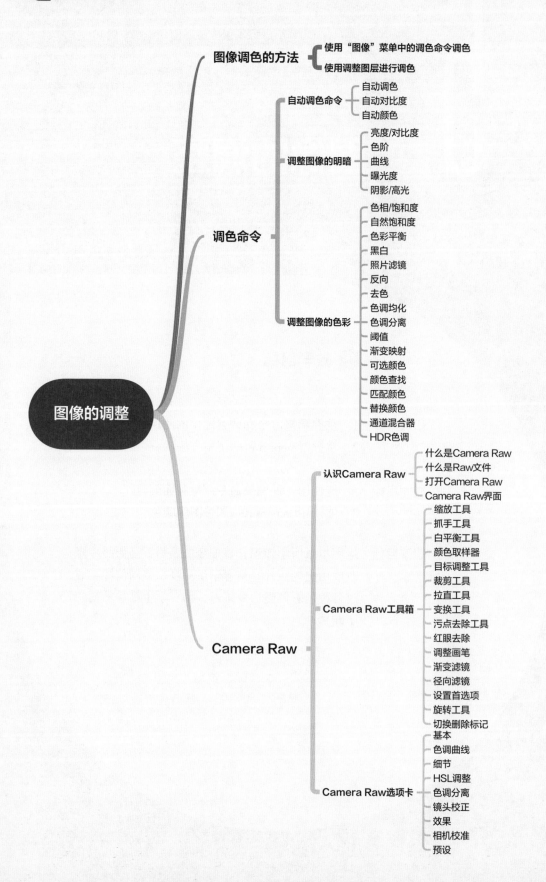

图像调色的方法
　使用"图像"菜单中的调色命令调色
　使用调整图层进行调色

自动调色命令
　自动调色
　自动对比度
　自动颜色

调色命令
　调整图像的明暗
　　亮度/对比度
　　色阶
　　曲线
　　曝光度
　　阴影/高光

　调整图像的色彩
　　色相/饱和度
　　自然饱和度
　　色彩平衡
　　黑白
　　照片滤镜
　　反向
　　去色
　　色调均化
　　色调分离
　　阈值
　　渐变映射
　　可选颜色
　　颜色查找
　　匹配颜色
　　替换颜色
　　通道混合器
　　HDR色调

图像的调整

Camera Raw
　认识Camera Raw
　　什么是Camera Raw
　　什么是Raw文件
　　打开Camera Raw
　　Camera Raw界面

　Camera Raw工具箱
　　缩放工具
　　抓手工具
　　白平衡工具
　　颜色取样器
　　目标调整工具
　　裁剪工具
　　拉直工具
　　变换工具
　　污点去除工具
　　红眼去除
　　调整画笔
　　渐变滤镜
　　径向滤镜
　　设置首选项
　　旋转工具
　　切换删除标记

　Camera Raw选项卡
　　基本
　　色调曲线
　　细节
　　HSL调整
　　色调分离
　　镜头校正
　　效果
　　相机校准
　　预设

Photoshop的调色功能非常强大，不仅可以对曝光过度、亮度不足、画面偏灰、色调偏色等问题进行校正，还可以通过色彩调整打造不同的画面风格、增强画面的视觉效果。这些调试命令主要可以通过以下两种路径执行：

一是"图像"菜单中包含多种可以用于调色的命令，其中大部分命令位于"图像>调整"的下拉菜单栏中，另外有三个自动调色命令位于"图像"菜单栏下，如图5-1所示。这些命令可以直接作用于所选图层。

二是使用调整图层进行调色，调整图层可以进行修改和删除操作，不会破坏其他图层对象。执行"图层>新建调整图层"子菜单中的命令（图5-2），或者在"窗口"中勾选"调整"，调出"调整"面板（图5-3），单击"调整"面板中的按钮，即可在当前图层上方创建调整图层，同时"属性"面板中显示相应的参数选项。此外，单击图层面板中的 ⊙ 按钮也可以创建新的填充或调整图层，如图5-4所示。

（1）调整图层 添加调整图层后，图层面板中出现调整图层，如图5-5所示。单击调整命令图标，出现调整图层的属性面板，如图5-6所示。单击图层蒙版缩览图，可以

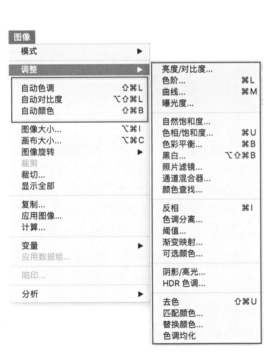

图5-1 "图像"菜单下的调色命令

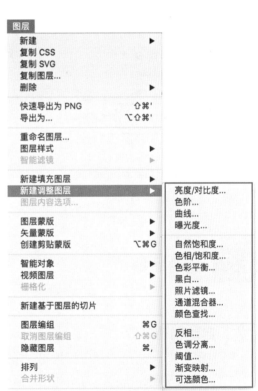

图5-2 "新建调整图层"子菜单

编辑图层蒙版，使用黑色画笔在图层蒙版上涂抹，涂抹的区域将不受调整图层的影响保持原来的颜色，此时属性面板如图5-7所示。

（2）**调整图层面板** 调整图层面板显示调整图层命令的具体参数，面板底部有一排按钮，具体功能如下：

①创建剪贴蒙板。 图标表示该调整图层作用于下面所有图层。单击该按钮，图标将变为 ，此时调整图层将仅作用于调整图层下方的图层。

②查看上一状态 。调整参数后，按此按钮可查看上一状态。

③复位到调整默认值 。可以将参数复位到默认值。

④切换图层可见性 。默认为开启。

⑤删除调整图层 。单击此按钮可删除调整图层。

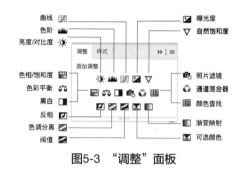

图5-3 "调整"面板

图5-4 添加调整图层

图5-5 调整图层

图5-6 调整图层面板

图5-7 图层蒙版面板

5.2 调色命令

5.2.1 自动调色命令

（1）**自动调色** "图像>自动调色"命令常用于校正图像的偏色问题。例如图5-8中人物的皮肤偏红，使用"自动调色"命令能快速校正偏红的肤色，如图5-9所示。

（2）**自动对比度**　"图像>自动对比度"命令常用于校正图像对比度过低的问题。处理效果并不明显，如图5-10所示。

（3）**自动颜色**　"图像>自动颜色"命令通过查找图像中的阴影、中间调以及高光区域的颜色，并与中性灰颜色进行对比，从而分析图像的对比度及颜色偏差情况，并进行校正。处理效果如图5-11所示。

| 图5-8　原图 | 图5-9　自动调色 | 图5-10　自动对比度 | 图5-11　自动颜色 |

5.2.2 调整图像的明暗

Photoshop提供了多种调色命令，用于图像的明暗调整。不同命令调整的原理和参数各不相同，调整图像的效果也有所差异。

（1）**亮度/对比度**　"亮度/对比度"命令常用于调节图像的亮度和对比度。实例对比效果如图5-12所示，通过调节亮度和对比度使画面更鲜亮。

（2）**色阶**　"色阶"命令可以通过调整图像的阴影、中间色调和高亮度色调来改变图像的明暗及对比度，实例对比效果如图5-13所示。"图像>调整>色阶"命令对话框选项如下：

①预设。可以选择Photoshop提供的预设色阶。单击选项右侧的按钮，在打开的菜单

图5-12　"亮度/对比度"效果

中执行"存储预设"命令，可以将当前调整参数保存为一个预设文件。在使用相同的方式处理其他图像时，可以用该文件自动完成调整。

②通道。可以选择一个颜色通道来进行调整，调整通道会改变图像的颜色。

③输入色阶。用来调整图像的阴影（左侧滑块）、中间调（中间滑块）和高光（右侧滑块）区域。可以拖拽滑块或在滑块下面的文本框中输入数值来进行调整。

④输出色阶。可以限制图像的亮度范围，降低对比度，使色调对比变弱，颜色发灰。

⑤设置黑场 ∕∕/设置
灰场 ∕∕/设置白场 ✐。可以
通过在图像上单击的方法
使用。设置黑场工具可以
将单击点的像素调整为黑
色，比该点暗的像素也变
为黑色；设置灰场工具用
于校正色偏，Photoshop会根
据单击点像素的亮度调整其
他中间色调的平均亮度；设
置白场工具可以将单击点的
像素调整为白色，比该点亮
度值高的像素也变为白色。

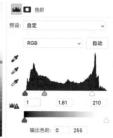

图5-13 "色阶"命令效果

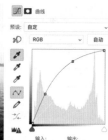

图5-14 "曲线"命令效果

⑥自动/选项。单击
"自动"按钮，可以使用当
前默认设置应用自动颜色校
正；如果要修改默认设置，可以单击"选项"按钮，在打开的"自动颜色校正选项"对
话框中操作。

（3）曲线 "曲线"命令用来调整图像的整个色调范围。该命令不仅可以对画面整
体的明暗、对比程度进行调整，还可以对画面中的颜色进行调整，实例对比效果如图
5-14所示。"图像>调整>曲线"命令对话框选项如下：

①预设。可以选择Photoshop提供的预设曲线，还可以将当前的调整状态保存为预
设文件。

②通道。可以选择要调整的颜色通道。

③输入/输出。"输入"显示调整前的像素值，"输出"显示调整后的像素值。

④∿编辑点以绘制曲线；✍在图上单击并拖动可修改曲线；✐通过绘制来修改曲线。

⑤设置黑场 ∕∕/设置灰场 ∕∕/设置白场 ✐。使用方法与色阶中的相同。

⑥显示数量。可以反转强度值和百分比的显示。

⑦网格大小。可以在两种网格间切换。

⑧通道叠加。在"通道"选项选择颜色通道并进行调整时，可在复合曲线上方叠加
各个颜色通道的曲线。

⑨直方图。在曲线上叠加直方图。

⑩基线。显示以45°绘制的基线。

⑪交叉线。调整曲线时显示十字参考线。

（4）**曝光度** "曝光度"命令可调节图片色调的明暗强弱。类似摄影中的曝光度，曝光时间越长，照片就会越亮，实例对比效果如图5-15所示。"图像>调整>曝光度"命令对话框主要参数如下：

①曝光度。向左拖动滑块，可以降低曝光效果；向右拖动滑块，可以增加曝光效果。

②位移。该选项主要对阴影和中间调起作用。减小数值可以使阴影和中间调变暗。

③灰度系数校正。用来调整图像的灰度系数。

（5）**阴影/高光** "阴影/高光"命令能够单独调整阴影或高光区域，在调节阴影和高光中任何一项时，对另一方的影响都比较小，实例对比效果如图5-16所示。执行"图像>调整>阴影/高光"命令，调出对话框，如图5-17所示。勾选"显示更多选项"，可以显示该命令的完整选项，如图5-17所示。

图5-15 "曝光度"命令效果

图5-16 "阴影/高光"命令效果

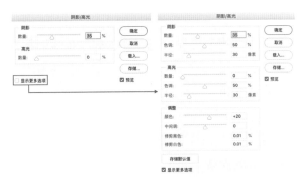

图5-17 阴影/高光对话框

①数量。阴影的数量越大，阴影越亮；高光的数量越大，高光越暗。

②色调。用于控制色调的修改范围。数值越大，修改范围越大。

③半径。用于控制每个像素周围的局部相邻的像素的范围大小。数值越小，范围越小。

④颜色。用于控制画面颜色的强弱。数值越大，画面饱和度越高。

⑤中间调。用于调整中间调的对比度。数值越大，对比度越强。

⑥修剪黑色。将阴影区域变成纯黑色。数值越大，黑色区域越大。

⑦修剪白色。将高光区域变成纯白色。数值越大，白色区域越大。

⑧存储默认值。存储为默认值后，再打开"阴影/高光"命令，就会显示该参数。

5.2.3 调整图像的色彩

（1）**色相/饱和度** "色相/饱和度"命令可以改变图像的色相、饱和度和亮度。实例对比效果如图5-18所示。执行"图像>调整>色相/饱和度"命令，调出对话框，主要参数如下：

①预设。提供8种色相/饱和度预设。

②颜色通道下拉列表。默认为全图，如果想调整某一颜色的色相、饱和度、明度，可以在列表中选择某一颜色。例如图5-18中，颜色通道设置为绿色，则可以专门将原图的绿色背景改为紫色。

③色相。更改画面色相。

④饱和度。向右拖动，数值越大饱和度越高。

⑤明度。向右拖动，数值越大越接近白色。

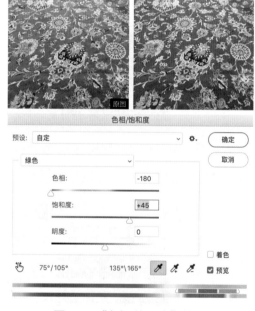

图5-18 "色相/饱和度"效果

⑥🖑表示在图像上单击并拖动可修改饱和度。向左拖拽降低饱和度，向右拖拽增加饱和度。

（2）**自然饱和度** "自然饱和度"命令能够增加照片中色彩的饱和度。"自然饱和度"命令的效果比"色相/饱和度"命令更加自然，不易失真。实例对比效果如图5-19所示。

（3）**色彩平衡** "色彩平衡"命令是根据颜色的补色原理控制图像颜色的分布。根据颜色之间的互补关系，要减少某个颜色就增加这种颜色的补色，实例对比效果如图5-20所示。

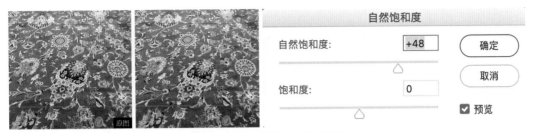

| 自然饱和度 |
| 自然饱和度: +48　　　　确定 |
| 取消 |
| 饱和度: 0 |
| ☑ 预览 |

图5-19 "自然饱和度"效果

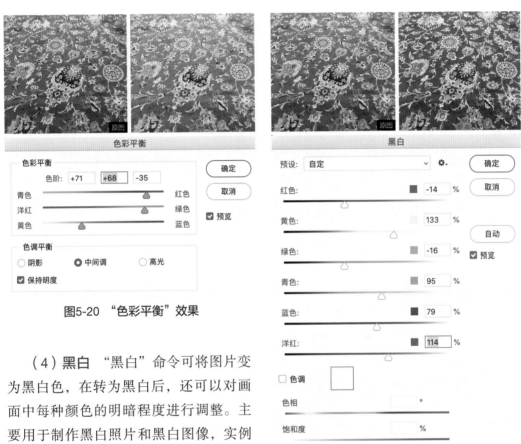

色彩平衡

色彩平衡

色阶: +71　+68　-35

青色 ——————○—— 红色
洋红 ——————○— 绿色
黄色 ——○—————— 蓝色

色调平衡

○ 阴影　　● 中间调　　○ 高光
☑ 保持明度

确定
取消
☑ 预览

图5-20 "色彩平衡"效果

黑白

预设: 自定　　　　✿.　　　确定

红色: ■ -14 %　　　取消

黄色: ☐ 133 %

绿色: ■ -16 %　　　自动

青色: ■ 95 %　　　☑ 预览

蓝色: ■ 79 %

洋红: ■ 114 %

☐ 色调

色相 °

饱和度 %

图5-21 "黑白"效果

（4）**黑白** "黑白"命令可将图片变为黑白色，在转为黑白后，还可以对画面中每种颜色的明暗程度进行调整。主要用于制作黑白照片和黑白图像，实例对比效果如图5-21所示。"黑白"命令对话框选项如下：

①颜色。调整各种颜色的明暗程度。

②色调。可以勾选"色调"选项，在右侧方框中设置颜色，从而创建单色图像。

（5）**照片滤镜** 照片滤镜模拟相机中的滤镜，可对图像的色调进行整体调整，赋予图像一个整体色调，实例对比效果如图5-22所示。"照片滤镜"命令选项如下：

①密度。数值越高，应用到图像中的颜色浓度就越大。

②保留明度。勾选该选项，可以保留图像的明度不变。

（6）**反向** "反向"命令会反转图像的颜色，创建彩色负片的效果。实例效果如图

5-23所示。

（7）**去色** "去色"命令可去除色彩，主要用于制作黑白图片效果。实例效果如图5-24所示。

（8）**色调均化** "色调均化"命令可以使图像像素的亮度值重新分布。将最亮的值调整为白色，最暗的值调整为黑色，中间值分布在整个灰度值的范围中，使图像更均匀地显示所有亮度范围的级别（0~255）。此命令还可以增加颜色相近的像素间的对比度。实例效果如图5-25所示。

（9）**色调分离** "色调分离"命令可按照指定的色阶数减少图像的颜色，从而简化图像内容。使用该命令能制作出矢量风格的效果。实例对比效果如图5-26所示。

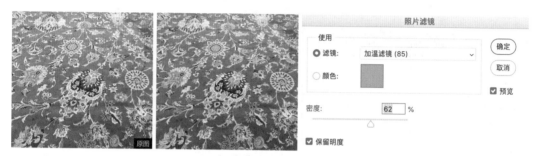

图5-22 "照片滤镜"效果

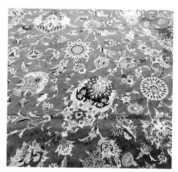

图5-23 "反向"效果　　　　图5-24 "去色"效果　　　　图5-25 "色调均化"效果

图5-26 "色调分离"效果

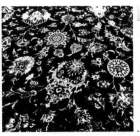
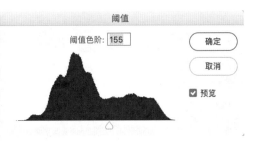

图5-27 "阈值"效果

（10）**阈值** "阈值"命令可以将色彩图像转换为黑白两色，制作出剪影的效果。"阈值色阶"可以指定一个色阶作为阈值，高于当前色阶的像素会变为白色，低于当前色阶的像素会变为黑色。实例对比效果如图5-27所示。

（11）**渐变映射** "渐变映射"命令能用渐变编辑器里设置的渐变色彩来表现图像的明暗变化。实例对比效果如图5-28所示。

（12）**可选颜色** "可选颜色"命令可以为图像中各个颜色通道增加或减少某种印刷色的含量。印刷色主要由青、洋红、黄、黑4种油墨色混合而成，执行该命令可以有选择性地修改主要颜色中的印刷色含量，但不会影响其他颜色。实例对比效果如图5-29所示，通过修改画面中红色的参数调整图像配色。

（13）**颜色查找** "颜色查找"命令用于数字图像输入、输出设备时，使颜色在不同的设备之中能够精确地实现传递和再现。实例对比效果如图5-30所示。在"3DLUT文件"中选择LateSunset.3DL，可以使图像色调改变成图中效果。

图5-28 "渐变映射"效果

（14）**匹配颜色** "匹配颜色"命令主要将一个图像的颜色与另一个图像的颜色匹配，并且使多个图像或者照片的颜色保持一致。打开"素材05/地毯"，然后在文件中置入图片"素材05/日出"（图5-31），复制背景图层，执行"图像>调整>匹配颜色"命

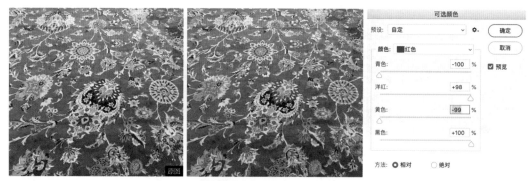

图5-29 "可选颜色"效果

图5-30 "颜色查找"效果

令，在对话框中，设置"源"为"素材05/地毯.jpg"，图层为"素材05/日出"，单击"确定"，则图片"素材05/日出"的主色调就应用到了图片"素材05/地毯"上，如图5-32所示。

（15）**替换颜色** "替换颜色"命令可选中图片中的某一颜色的区域，然后修改其色相、饱和度、明度等参数，从而将选定的颜色替换成其他颜色。例如图5-33案例，用吸管吸取原图的绿色背景，然后调整色相和饱和度，得到新的背景颜色。

图5-31 素材05\日出　　　　　　图5-32 "匹配颜色"效果

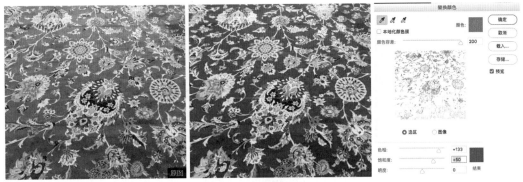

图5-33 "替换颜色"效果

（16）**通道混合器** "通道混合器"命令可以改变颜色通道的明度，从而改变图像的颜色。实例对比效果如图5-34所示。

（17）**HDR色调** HDR色调也称为高动态范围，可使用超出普通范围的颜色值。该命令可使画面增强亮部和暗部的细节及颜色，使图像更具视觉冲击力。实例对比效果如图5-35所示。

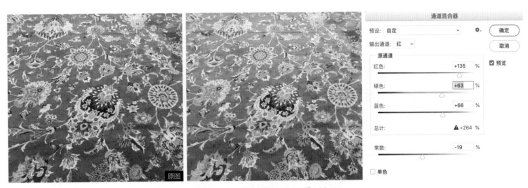

图5-34 "通道混合器"效果

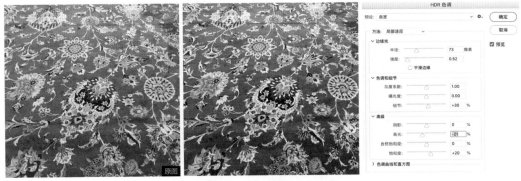

图5-35 "HDR色调"效果

5.3.1 认识 Camera Raw

Camera Raw是专门用于编辑Raw格式照片的程序，它可以解析相机原始数据文件，使用相机的信息及元数据来构建和处理图像。Camera Raw在处理色温、曝光、高光和阴影色调以及颜色细分调整等方面，比Photoshop原来的调色命令更专业，效果更好。

知识插播

什么是 Raw 文件

相机原始数据文件就是人们常说的Raw文件。这种文件有很多种格式，目前还没有统一的标准。例如，佳能相机的Raw文件以CRW或CR2为后缀；尼康相机的Raw文件以NEF为后缀；奥林巴斯相机的Raw文件以ORF为后缀。这些都属于Raw文件。

使用Raw格式拍摄时，会直接记录感光元件上获取的信息，不进行任何调节和压缩。相机捕获的所有数据，包括曝光度、白平衡、ISO、快门、光圈值等也都被记录下来。

（1）**打开Camera Raw**　默认情况下，打开Raw格式图片，Camera Raw会自动运行。其他格式的文件，执行"滤镜>Camera Raw滤镜"命令，即可打开Camera Raw。

（2）**Camera Raw界面**　Camera Raw的界面非常简单，包含工具箱、直方图和选项卡等，如图5-36所示。

图5-36　Camera Raw界面

（3）Camera Raw工具箱　如果通过 "滤镜>Camera Raw滤镜"命令打开程

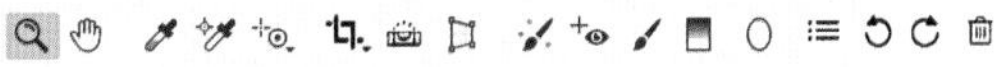

图5-37　Camera Raw工具箱

序，Camera Raw的工具箱将显示不全，缺

少裁剪工具、拉直工具、旋转工具等。直接在Camera Raw中打开图像，能够显示完整的工具箱，如图5-37所示。

①缩放工具 🔍 。单击图像可放大画面；按Alt键单击图像，可缩小图像；双击该工具可使图像恢复到100%。

②抓手工具 🖑 。当图像超出窗口显示时，可以用该工具移动图像。

③白平衡工具 🖋 。与"色阶"和"曲线"中的设置灰场吸管类似，即用该工具在原本应该是中性色的区域单击，可以校正白平衡，消除色偏；双击它，则可撤销调整，将白平衡恢复到初始状态。

④颜色取样器工具 🖋 。可以检测指定颜色的信息。

⑤目标调整工具 ⊷ 。单击该工具，打开下拉菜单，选择"参数曲线""色相""饱和度"或"明亮度"命令，然后在图像上单击并拖拽鼠标，便可调整所选颜色的对应属性。

⑥裁剪工具 🗝 。使用方法与Photoshop中的裁剪工具相同。

⑦拉直工具 🖾 。该工具适用于校正画面角度。单击按钮，在画面中按住鼠标左键拖拽绘制一条线，系统自动按当前线条的角度创建裁剪框，双击鼠标左键即可进行裁剪。

⑧变换工具 🖾 。可以调整画面的扭曲、透视和缩放。

⑨污点去除工具 🖋 。与Photoshop中的污点修复画笔工具相同。

⑩红眼去除 ⊷ 。与Photoshop中的红眼工具相同。

⑪调整画笔 🖋 。使用该工具在画面中限定一个范围，然后进行参数设置，从而对画面局部进行调整。

⑫渐变滤镜 ▢ 。该工具能够以渐变的方式限定画面调整的区域。

⑬径向滤镜 ○ 。该工具能够突出展示图像的特定部分。

⑭设置首选项 ≡ 。单击按钮，可打开"Camera Raw首选项"对话框，与执行"编辑>首选项>Camera Raw"命令相同。

⑮旋转工具 ↺ ↻ 。可以将照片逆时针或顺时针旋转90°。

⑯切换删除标记 🗑 。导入多张照片时，如果想删除其中一张，可单击它，然后单击按钮（照片上会出现"X"号）；再次单击该按钮，可撤销删除。

5.3.2 设置图像基本属性

打开Camera Raw界面，界面右侧便会显示"基本 ❀"选项卡，如图5-38所示，包含下列基本的图像调整参数：

（1）**白平衡** 默认情况下，显示的是"原照设置"，即照片的原始白平衡。在下拉列表中选择"自动"选项，可以自动校正白平衡。如果是Raw格式照片，还可以选择日光、阴天、阴影、白炽灯、荧光灯和闪光灯等模式。

（2）**色温** 可以改变色温，常用于校正色偏。

（3）**色调** 通过设置白平衡来补偿绿色或洋红色色调。

（4）**曝光** 可以调整照片的曝光。减小"曝光"值使图像变暗，增加"曝光"值使图像变亮。

（5）**对比度** 可以调整对比度，主要影响中间色调。提高对比度时，中间调到暗调区域会变得更暗，中间调到亮调区域会变得更亮。

（6）**高光** 可调整图像的高光区域。向左拖拽滑块，可使高光变暗并恢复高光细节；向右拖拽滑块，使高光变亮。

图5-38 "基本"属性栏

（7）**阴影** 可调整阴影区域。向左拖拽滑块，可使阴影变暗，向右拖拽滑块，可使阴影变亮并恢复阴影细节。

（8）**白色** 向右拖拽滑块可使更多的高光变为白色，它主要影响高光区域，对中间调和阴影区域影响较小。

（9）**黑色** 向左拖拽滑块可使更多阴影区域变为黑色，它主要影响阴影区域，对中间调和高光区域影响较小。

（10）**纹理** 设置为正值时，可以提高纹理的清晰度；设置为负值时，则会对纹理进行模糊处理。

（11）**清晰度** 通过提高局部对比度来增加图像的清晰度，对中色调的影响最大。

（12）**去除薄雾** 减少照片中的雾气，使画面变得清晰、通透。

（13）**自然饱和度** 与Photoshop的"自然饱和度"命令相同。

（14）**饱和度** 与Photoshop的"色相/饱和度"命令相同。

♟ 实战案例：去除薄雾

生活中，我们常常会发现看起来蓝天碧海的景色拍出来却灰蒙蒙的。这种情况用Camera Raw进行调整将轻松解决。打开"素材05/滨海"，执行"滤镜>Camera Raw滤镜"命令，打开Camera Raw。

在"基本 ✿"选项卡中，"去除薄雾"的数值为+23，去除画面白雾；适当减少"曝光"和"高光"数值，减少过曝；增加"对比度"数值，使画面对比更加强烈；增加"阴影"数值，提亮阴影部分；最后，提高自然饱和度，使画面鲜亮。具体参数和效果对比如图5-39所示。

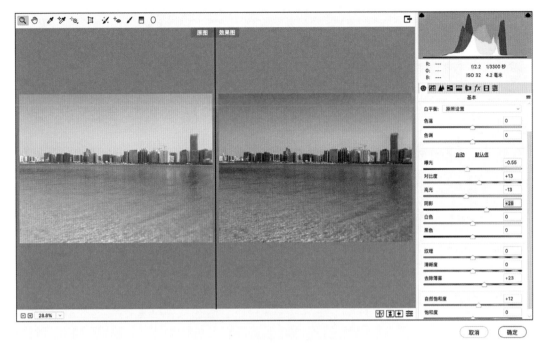

图5-39　具体参数和效果对比

5.3.3 处理图像局部

Camera Raw工具箱提供了各种处理图像局部的工具，其中目标调整工具 ⁺⊙、调整画笔 ✎、渐变滤镜 ▤、径向滤镜 ○ 为Camera Raw特有的工具，可以对画面局部进行调色。下面专门对这四个工具的使用进行介绍。其余工具箱中的工具，Photoshop都有类似或相同的工具，故不再展开介绍。

（1）**目标调整工具** ⁺⊙。"目标调整工具"可以对画面中选择的颜色进行色相、饱和度、明度的调整。

（2）**调整画笔** ✎　使用"调整画笔"在画面中涂抹，涂抹区域的色彩将自动调整。涂抹完成后，画面中将留下一个图钉，移动图钉，色彩调整的区域也会随之移动，如图5-40所示。如果要删除涂抹区域，选中图钉，按Delete即可删除。具体操作案例可扫码观看视频。

案例视频

通过移动右侧属性栏中的参数，可以调整画笔涂抹区域的色彩。还可以通过属性栏修改画笔参数，如图5-41所示。

①锐化程度。为正值时可增强边缘清晰度，为负值时会模糊细节。

②减少杂色。减少阴影区域明显的明亮度杂色。

③波纹去除。消除莫尔失真或颜色失真。

④去边。消除重要边缘的色边。

图5-40　使用调整画笔工具

⑤颜色。可以在选中的区域中叠加颜色；单击右侧的颜色块，可以设置颜色。

⑥大小/羽化。调整工具大小（以像素为单位）和硬度。

⑦流动/浓度。用来控制调整的应用速率和笔触的透明度。

⑧自动蒙版。将画笔描边限制到颜色相似的区域。

"渐变滤镜" ▣与"径向滤镜" ◯ 这两个工具功能非常相似，区别在于"渐变滤镜"是线性渐变的方式让效果过渡，"径向滤镜"则是以径向渐变的方式进行过渡，而且"径向滤镜"可以设置渐变是在内部还是外部。

5.3.4 图像调整

Camera Raw界面右侧集中了大量的图像调整命令，这些命令被分为多个组，以选项卡的形式展现，如图5-42所示。除了基本 ⊛ 选项外，还有色调曲线 ▦、细节 ▲、HSL调整 ▤、色调分离 ☰、镜头校正 ▥、效果 fx、相机校准 ▤、预设 ☰，下面逐一介绍这些图像调整工具。

图5-41　调整画笔工具选项

⊛ ▦ ▲ ▤ ☰ ▥ fx ▤ ☰

图5-42　Camera Raw选项栏

（1）**色调曲线**▦ 该选项可以对图像的亮度、阴影等进行调节。在"色调曲线"的选项卡中单击"参数"标签，进入"参数"子选项卡，可以调节"高光""亮调""暗调""阴影"的参数来调整图像明暗；单击"点"标签，进入"点"选项卡，可以在曲线上添加点，并调节曲线。应用效果对比如图5-43所示，具体参数如图5-44所示。

（2）**细节** ▲ 该选项用来锐化图像与减少杂色。最好将窗口的比例调整到100%，这样才能更清楚地观察细节。应用效果如图5-45所示，"细节"选项卡的参数如图5-46所示，各项参数介绍如下。

①数量。调整边缘的清晰度，数值越大，锐化程度越强。

图5-43 "色调曲线"效果对比

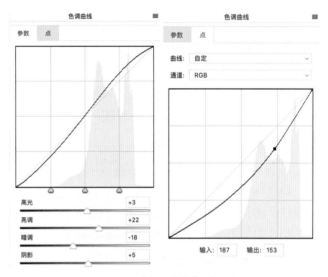

图5-44 "色调曲线"选项卡

图5-45 "细节"效果对比

图5-46 "细节"选项卡

②半径。调整应用锐化时细节的大小。具有微小细节的图像设置较低的值即可，因为该值过大会导致图像内容不自然。

③细节。可以调整在图像中锐化多少高频信息和锐化过程强调边缘的程度。较低的值将主要锐化边缘，以便消除模糊；较高的值可使图像中的纹理更加清楚。

④蒙版。Camera Raw是通过强调图像边缘的细节来实现锐化效果的，将"蒙版"设置为0时，图像中的所有部分均接受等量的锐化；设置为100时，则可将锐化限制在饱和度最高的边缘附近，避免非边缘区域锐化。

⑤明亮度。用于减少灰度杂色。

⑥明亮度细节。可以控制明亮度杂色的阈值，适用于杂色照片。该值越高，保留的细节就越多，但杂色也会增多；该值越低结果就越干净，但也会消除某些细节。

⑦明亮度对比。控制明亮度的对比。该值越高，保留的对比度就越高，但可能会产生杂色；该值越低，结果就越平滑，但也可能使对比度较低。

⑧颜色。用于减少彩色杂色。

⑨颜色细节。可以控制彩色杂色的阈值。该值越高，边缘保持得越细，色彩细节越多，但可能会产生彩色颗粒；该值越低，越能消除色斑，但可能会出现溢色。

⑩颜色平滑度。控制颜色的平滑效果。

（3）HSL调整▣　该选项可以对颜色的色相、饱和度、明度进行设置，如图5–47所示为处理效果对比，具体参数如图5–48所示。

图5-47 "HSL调整"效果对比

图5-48 "HSL调整"选项卡

（4）**色调分离** 该选项可以分别对高光区域和阴影区域进行色相、饱和度的调整。"高光"和"阴影"选项卡中都包含"饱和度"和"色相"这两个参数。应用效果对比如图5-49所示，选项卡参数如图5-50所示。

（5）**镜头校正** 该选项可以用来去除由于镜头原因造成的图像缺陷，例如扭曲、晕影、紫边、绿边等。应用效果对比如图5-51所示，选项卡参数如图5-52所示，各项参数介绍如下。

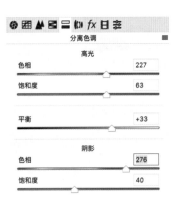

图5-49 "色调分离"效果对比　　图5-50 "色调分离"选项卡　　图5-51 "镜头校正"效果对比

①扭曲度。用于设置画面的扭曲程度。数量为负数时向外膨胀，数量为正数时向内凹陷。

②去边。用于修复紫边、绿边问题。

③晕影。数值为正时角落变亮；数值为负时角落变暗。

④中点。用于调整晕影的校正范围。

⑤显示网格。勾选后可以以网格为参照进行校正。

（6）**效果** fx 该选项可以为图像添加或去除杂色、制作暗角和暗影，还可以给画面添加颗粒、程序胶片相机的效果。应用效果对比如图5-53所示，选项卡参数如图5-54所示。

（7）**相机校准** 相机校准用于校准相机的偏色问题。应用效果对比如图5-55所示，选项卡参数如图5-56所示。

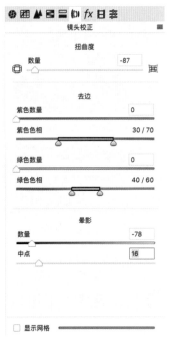

图5-52 "镜头校正"选项卡

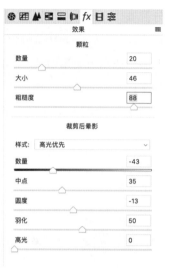

图5-53 "效果"效果对比　　　图5-54 "效果"选项卡

（8）**预设** 可以选择预设快速处理图片，还可以将当前参数存储为预设，方便调取使用。"预设"选项卡如图5-57所示，提供了大量的预设供使用者选择。按新建按钮还可以将当前设置保存为新的预设。

图5-55 "效果"效果对比　　　图5-56 "效果"选项卡　　　图5-57"预设"选项卡

🔖 实战案例：同时处理多张图像

Camera Raw支持同时处理多张图像，下面通过实战案例来学习处理的方法。

①执行"编辑>首选项>Camera Raw"菜单命令，在弹出的窗口中选择右侧的"文件处理"，在左侧选项卡中设置"JPEG/HEIC"为"自动打开所有受支持的JPEG和HEIC"，单击"确定"完成设置，如图5-58所示。

②将四张素材图片同时拖入Photoshop软件界面中，Camera Raw会自动打开，在界面下拉菜单栏中选择"全选"，四张图片全部选中，如图5-59所示。

③在"基本"选项卡中，调整图片的色温（+20）、色调（-4）、曝光（-0.20）、对比度（+3）、高光（+8），如图5-60所示。

④单击左下角"存储图像"按钮，弹出"存储选项"对话框，在"目标"下选择存储的文件夹，将"文件扩展名"设置为.jpg，"格式"设置为JPEG，品质设置为8，如图5-61所示。最终效果如图5-62所示。

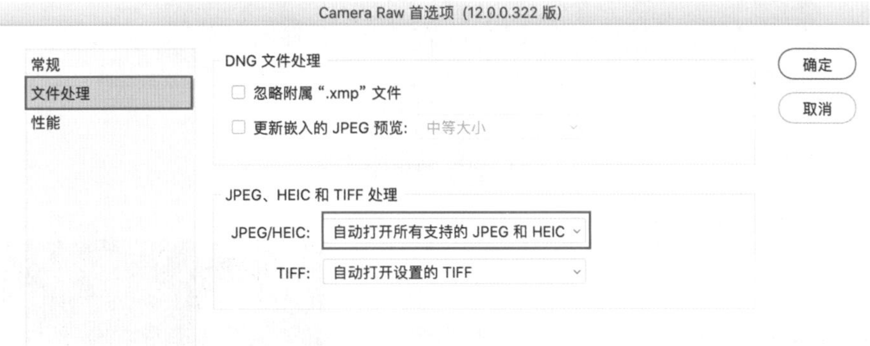

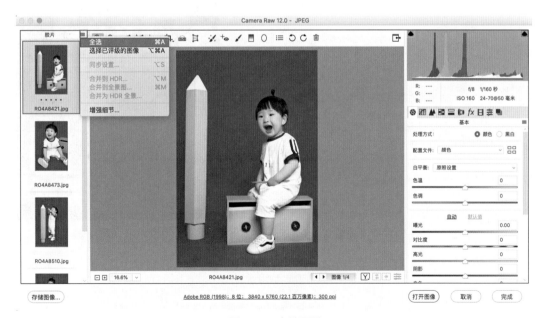

图5-58　设置首选项

图5-59　全选图片

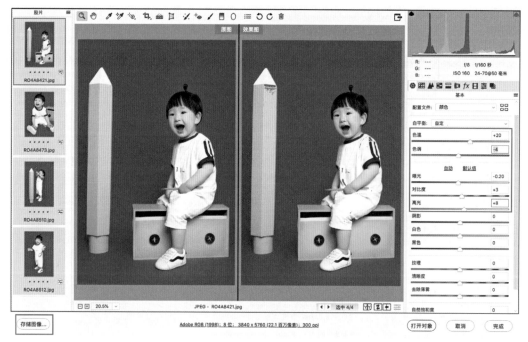

图5-60 调整图片

图5-61 存储设置

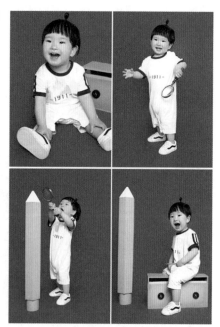

图5-62 最终效果

案例背景

温州五马街，中国著名商业街，古称五马坊，温州旧城古街道之一，已有1600多年的历史。现代五马街两旁建筑基本为中西合璧的建筑风格，有五味和、金三益、老香山三家百年老店和百货商店、温州酒家等，这些老店大都创办于清代和民国期间，不少店铺的历史在百年以上。

案例视频

下面运用本章所学知识将如今的老香山和五味和的照片修改成历史老照片，让记忆重回过去，效果如图5-63所示。

图5-63 效果对比

制作思路

老照片的制作思路见表5-1。

表5-1 制作思路

序号	步骤	绘制效果	所用工具及要点说明
1	调成黑白照片		打开素材，创建"黑白"调整图层，调整参数
2	添加划痕肌理		导入划痕图片素材，设置图层混合模式为"正片叠底"；复制划痕图层，设置图层混合模式为"柔光"

序号	步骤	绘制效果	所用工具及要点说明
3	调整照片的色相/饱和度		创建"色相/饱和度"调整图层，调整参数
4	应用于其他照片		置入其他照片，置于"背景"图层上方，即可得到同样的效果

制作老照片的具体步骤

❶ 将图像调成黑白色。在Photoshop中打开"素材05/老香山"，单击图层面板中的创建调整图层按钮 ❂.，创建"黑白"调整图层，调整参数如图5-64所示。

❷ 增加划痕效果。置入"素材05/划痕"图片，等比缩放，铺满整个画面，然后将图层混合模式改为"正片叠底"，将图层的"填充"改为51%，如图5-65所示。

❸ 深化划痕效果。复制"素材05/划痕"图层，将图层混合模式改为"柔光"，如图5-66所示。

❹ 调整画面色调。单击图层面板中的创建调整图层按钮 ❂.，创建"色相/饱和度"调整图层，在属性面板上勾选"着色"选项，调整参数如图5-67所示。

图5-64　添加"黑白"调整图层

❺ 应用于其他图像。置入"素材05/五味和"，等比缩放，铺满整个画面。将图层移到背景图层上方及其他图层的下方，该图片也自动获得了做旧效果，如图5-68所示。

图5-65　添加划痕肌理

图5-66　增强划痕肌理

图5-67　添加"色相/饱和度"调整图层

图5-68　应用于其他照片

💡 案例小结

通过本案例的学习，对以下知识点、技能点有了更熟练的掌握：

☑　能运用调整图层调整图像色彩；

☑　能使用图层混合模式合成图片。

6

通道与蒙版

⌛ 课时分配：4 课时

🎯 教学目标

知识目标 1. 掌握通道的概念和基本操作。
2. 了解通道的类型。
3. 掌握蒙版的概念和基本操作。
4. 掌握各种蒙版的使用方法。
5. 掌握图框工具的使用。

能力目标 1. 能熟练使用各种类型的通道。
2. 能熟练使用各种类型的蒙版。
3. 能熟练使用图框工具。

思政目标 运用本章所学，绘制环保主题海报，增强学生的环保意识，培育学生社会责任感和职业使命感。

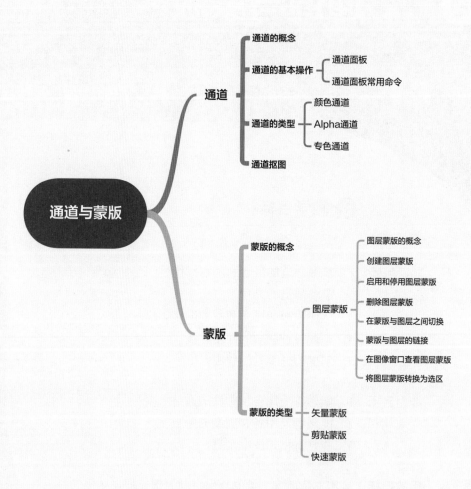

通道与蒙版

通道
- 通道的概念
- 通道的基本操作
  - 通道面板
  - 通道面板常用命令
- 通道的类型
  - 颜色通道
  - Alpha通道
  - 专色通道
- 通道抠图

蒙版
- 蒙版的概念
- 图层蒙版
  - 图层蒙版的概念
  - 创建图层蒙版
  - 启用和停用图层蒙版
  - 删除图层蒙版
  - 在蒙版与图层之间切换
  - 蒙版与图层的链接
  - 在图像窗口查看图层蒙版
  - 将图层蒙版转换为选区
- 蒙版的类型
  - 矢量蒙版
  - 剪贴蒙版
  - 快速蒙版

6.1 通道

6.1.1 通道的概念和基本操作

（1）**通道的概念** 通道是存储图像颜色信息或选区信息的灰度图像。Photoshop包含3种类型的通道：颜色通道、Alpha通道和专色通道。可以使用通道来建立选区，从而抠取图像。

（2）**通道面板** 使用通道面板可以创建、管理通道，并可直观地查看图像的编辑效果。执行菜单栏中的"窗口>通道"命令，弹出通道面板，如图6-1所示。

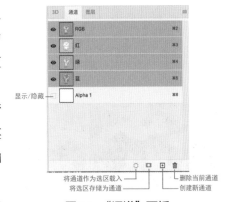

图6-1 "通道"面板

① "将通道作为选区载入"按钮 。单击此按钮可将当前通道快速转化为选区。

② "将选区存储为通道"按钮 。在图像存在选区的状态下，单击此按钮可将当前选区保存为Alpha通道。

③ "创建新通道"按钮 。单击此按钮可创建新的Alpha通道。

④ "删除当前通道"按钮 。将通道选中，拖拽至此按钮，可删除当前通道。

（3）**通道面板常用命令** 单击"通道"面板右上角的按钮 ，弹出如图6-2所示菜单面板，常用命令如下：

① "新建通道"命令。执行此命令，弹出"新建通道"对话框，如图6-3所示。设置对话框中的参数和选项后，单击"确定"按钮即可。

② "复制通道"命令。执行此命令，复制选中的通道。执行此命令，弹出"复制通道"对话框，如图6-4所示。按住选中的通道，拖拽至 按钮也可以复制通道。

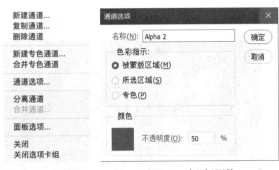

图6-2 通道面板下拉菜单　　图6-3 新建通道

图6-4 复制通道

③ "删除通道"命令。执行此命令，即可删除当前通道，或将需要删除的实物通道拖动到删除当前通道按钮 🗑 上即可。

④ "分离通道"命令。当前图层只有一个"背景"图层时，"分离通道"命令才可执行。执行此命令，可将组合通道分离为独立的灰度文件，并关闭原来的文件。如图6-5所示，将一幅RGB模式图像通道分离为3个文件。

⑤ "合并通道"命令。执行"通道"面板菜单栏中的"合并通道"命令，可将多个处于打开状态且具有相同像素尺寸的灰度图像合并为一个图像。参与合并的灰度图像可以来自同一幅图像，也可来自不同的图像。

图6-5　分离通道

6.1.2 通道的类型

Photoshop包含3种类型的通道：颜色通道、Alpha通道和专色通道。

（1）**颜色通道**　颜色通道用于存储图像中的颜色信息，数目由图像的色彩模式决定。例如，RGB模式的图像有红、绿、蓝、RGB 4个通道，而CMYK模式的图像有青色、洋红、黄色、黑色和CMYK 5个通道。图6-6所示为RGB模式下的颜色通道，单击眼睛按钮 👁 ，可以隐藏或显示对应的通道。

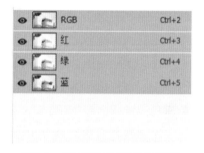

图6-6　RGB模式下的颜色通道

🏅 实战案例：利用通道错位制作故障风海报

复古风在新锐设计师手上也能玩出时尚感。例如抖音风格，就是当下较流行的风格。下面用通道错位的方法来制作这种效果，如图6-7所示。

① 打开"素材06/故障风"，打开通道面板，选中"红"通道。选择移动工具，向右下方移动图像到合适位置，

图6-7　故障风效果对比

如图6-8所示。

②单击选中"蓝"通道，并向下方拖拽图像，如图6-9所示。

③选择裁剪工具 ⬚，并在工具选项栏中选择"原始比例"选项，在画面中单击，显示裁剪框，拖拽右上角的控制点，如图6-10所示。按Enter键，将画面边缘的重影图像裁掉，如图6-11所示。

（2）Alpha通道　Alpha通道用于保存选区信息，需要用户自行创建。在Alpha通道中，白色表示选择的区域，黑色表示未被选择的区域。通过下面的案例来了解Alpha通道的使用。

图6-8　移动"红"通道

图6-9　移动"蓝"通道

图6-10　裁剪图像　　　　图6-11　最终效果

♛ 实战案例：Alpha 通道生成选区制作撕裂效果

①打开"素材06/星空"，如图6-12所示。

②双击背景图层，将其解锁为普通图层。新建图层，填充为白色，移至底部，如图6-13所示。

③使用套索工具，选取部分星空画面，如图6-14所示。

④选择通道面板，单击"新建"按钮回，新建Alpha通道。在Alpha通道中将选区填充为白色，如图6-15和图6-16所示。

图6-12 打开"素材06/星空"

⑤按Ctrl+D组合键取消选区。在Alpha通道中，执行"滤镜>像素化>晶格化"命令。参数如图6-17所示，效果如图6-18所示。

图6-13 新建图层

图6-14 选取部分星空画面

图6-15 在Alpha通道中将选区填充为白色

图6-16 通道面板

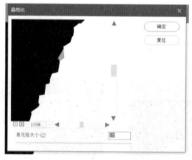

图6-17 "晶格化"面板

图6-18 执行"晶格化"命令

⑥在"通道"面板中单击按钮○，将通道转变为路径，此时，白色区域变为选区，黑色区域表示未被选择。

⑦返回图层面板，选中星空图层，如图6-19所示。按Ctrl+T组合键，移动、变换选区内的像素，如图6-20所示。按Enter键确定变换，按Ctrl+D组合键取消选区。

⑧为星空图层添加"投影"图层样式，最终效果如图6-21所示。

图6-19 将通道转变为选区并选中星空图层

图6-20 移动选区内的像素

图6-21 添加"投影"图层样式

（3）**专色通道** 专色是印刷中特殊的预混油墨，用于代替或补充印刷色（CMYK）油墨。有时仅用CMYK四色油墨打印不出某些特殊颜色，要印刷带有专色的图像，需要在图像中创建存放专色的通道，即专色通道。

图6-22 "新建专色通道"面板

增加专色通道有两种方法：一种是创建新的专色通道，另一种是将现有的Alpha通道转换为专色通道。

①创建新的专色通道。单击"通道"面板右上方的列表按钮 ▤ ，在弹出的菜单中执行"新建专色通道"命令即可；按住Ctrl键单击"通道"面板底部的创建新通道按钮 ▣ ，则弹出"新建专色通道"面板，如图6-22所示。

②将Alpha通道转换为专色通道。双击Alpha通道的缩览图或名称后面的区域，在弹出的"通道选项"对话框中点选"专色"单选按钮并设置参数即可，如图6-23所示。

图6-23 通道选项

👑 实战案例：利用专色通道修改海报背景

①打开"素材06/专色通道"。按住Ctrl键并单击"图层1"的缩览图，将图层的非透明区域作为选区加载到画布上，如图6-24所示。

②按Shift+Ctrl+I快捷键，反选选区。在"通道"面板菜单中选择"新建专色通道"命令，如图6-25所示。打开"新建专色通道"对话框，将"密度"设置为100%。单击"颜色"色块，如图6-26所示。打开"拾色器"对话框，再单击"颜色库"按钮，切换到"颜色库"对话框中，选择一种专色，如图6-27所示。

③单击"确定"按钮，返回"新建专色通道"

图6-24 选中图层中的像素

对话框（不要修改专色的名称，否则以后可能无法打印文件）。单击"确定"按钮，创建专色通道，即可用专色填充选中的区域，如图6-28和图6-29所示。

④专色通道可以编辑。例如，按住Ctrl键鼠标单击专色通道的缩略图，载入该通道中的选区，选中专色通道，使用渐变工具在画面中填充黑白径向渐变，让专色的浓度发生改变，如图6-30所示。按Ctrl+D快捷键，取消选择选区，效果如图6-31所示。如果要修改专色颜色，可以双击专色通道的缩览图，打开"专色通道选项"对话框进行设置。

图6-25　新建专色通道

图6-26　将"密度"设置为100%

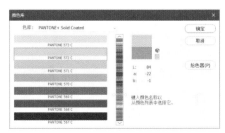

图6-27　选择一种专色

图6-28　创建的专色通道

图6-29　填充选中的区域

图6-30　选中专色通道填充黑白径向渐变

图6-31　背景渐变效果

6.1.3 通道抠图

通道抠图是一种比较专业的抠图技法，常用于抠取带有毛发的人像或动物，以及边缘复杂的图案、半透明的烟雾、云朵等。下面通过实操案例来演示。

👑 实战案例：通道抠图

①打开"素材06/地毯"，如图6-32所示。执行"窗口>通道"命令，打开通道面板，选择主体与背景黑白对比最强烈的"红"通道，右击鼠标，单击复制通道，复制"红"通道，如图6-33所示。

图6-32　素材06/地毯

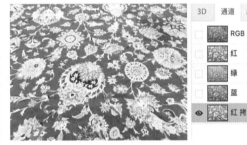

图6-33　复制"红"通道

②运用"图像>调整>色阶"命令，调整"红拷贝"通道的黑白对比度，如图6-34所示。

③用白色画笔将地毯图案中的零星黑色花纹填充为白色，如图6-35所示。

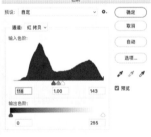

图6-34　执行"图像>调整>色阶"

图6-35　填充零星黑色花纹

④单击通道面板中的 ⊙ 按钮，得到地毯花纹的选区。此时，通道中白色部分为选区内部，黑色部分为选区外部。

⑤单击RGB通道，如图6-36所示，按Ctrl+C键复制选区，按Ctrl+V键粘贴选区。得到抠出的地毯图案，如图6-37所示。

⑥在地毯图案图层下方新建图层，填充蓝色#3f59f7，得到新的地毯背景，效果如图6-38所示。

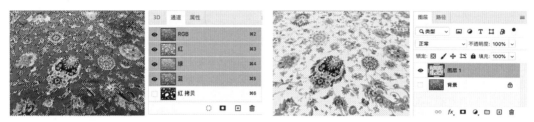

图6-36　获得选区　　　　　　　　　　　　　　图6-37　抠出图案

图6-38　最终效果

6.2 蒙版

蒙版主要用于创建选区或控制图像在不同区域的显隐情况，起到遮蔽作用。蒙版实质上是一个独立的灰度图，任何绘图、编辑、滤镜、选项等工具均可用来编辑蒙版。

蒙版主要用于图像合成。在使用过程中，可以将图层的某些部分隐藏、某些部分露出，方便反复、随时调整画面，达到想要的效果。

蒙版是非破坏性的，可随时添加或删除蒙版；修改方便，不会因为使用橡皮擦或剪切删除而造成不可返回的遗憾。此外，蒙版可运用不同滤镜，以产生一些意想不到的特效。

Photoshop蒙版主要有4种：图层蒙版、矢量蒙版、剪贴蒙版、快速蒙版，下面逐一进行介绍。

6.2.1 图层蒙版

图层蒙版通过黑白来控制图层内容的显示和隐藏。图层蒙版附着在图层上，能在不破坏图层的情况下控制图层上不同区域像素的显隐程度。图层蒙版是以8位灰度图像的形式存储的，其中，白色表示所附着图层的对应区域完全不透明，黑色表示完全透明，灰色表示半透明。

（1）创建图层蒙版　创建图层蒙版有两种方式，在没有任何选区的情况下，单击创建蒙版按钮 ▣，可以创建空的蒙版，画面中的内容不会被隐藏。而在包含选区的情况下创建图层蒙版，选区的部分为显示状态，选区以外的部分会隐藏状态。

①创建白色蒙版。单击"图层"面板上的"添加蒙版"按钮 ▣，或在上方菜单栏执行"图层>图层蒙版>显示全部"命令可创建一个白色的蒙版，如图6-39所示。白色蒙版对图层的内容显示无任何影响。

②创建黑色蒙版。按住 Alt键，单击"图层"面板上的"添加蒙版"按钮 ▣，或在上方菜单栏中执行"图层>图层蒙版>隐藏全部"命令，可创建一个黑色的蒙版，如图6-40所示。黑色蒙版隐藏了对应图层的所有内容。

图6-39　创建白色蒙版

③存在选区的情况下添加蒙版。若添加蒙版的图像上存在选区，如图6-41所示，单击"图层"面板上的"添加图层蒙版"按钮 ▣，或在上方菜单栏中执行"图层>图层蒙版>显示全部"命令，将基于选区创建蒙版，如图6-42所示。此时，选区内的蒙版填充白色，选区外的蒙版填充黑色。反之，按住Alt键，单击"图层"面板上的"添加图层蒙版"按钮，或在上方菜单栏执行"图层>图层蒙版>隐藏全部"命令，所产生的蒙版正好相反。需要注意的是，背景图层和被锁定的图层不能添加

图6-40　创建黑色蒙版

图6-41　建立选区

图层蒙版。

（2）**启用和停用图层蒙版**

①停用图层蒙版。按住Shift键，在"图层"面板上单击图层蒙版的缩览图可停用图层蒙版。此时，图层蒙版的缩览图上出现红色"×"标志，图层蒙版对图层不再有任何作用，如图6-43所示。

图6-42　添加图层蒙版

②启用图层蒙版。按住Shift键，在已停用的图层蒙版缩览图上单击，红色"×"标志消失，图层蒙版即被启用。也可在图层蒙版缩览图上右击，即可出现菜单栏，在菜单栏中执行"启用图层蒙版"或"停用图层蒙版"命令即可。

图6-43　停用图层蒙版

（3）**删除图层蒙版**　单击图层蒙版的缩览图，再单击面板上的"删除图层"按钮，即出现提示框，单击提示框中的"应用"按钮，在删除图层蒙版的同时蒙版效果被永久地应用在图层上；单击"删除"按钮，在删除图层蒙版后蒙版效果不会应用到图层上。或者

图6-44　蒙版编辑状态

图6-45　图层编辑状态

右击图层蒙版的缩览图，在弹出的菜单栏中选择"删除图层蒙版"或"应用图层蒙版"。

（4）**在蒙版与图层之间切换**　在"图层"面板上单击蒙版缩览图，缩览图周围出现线框，如图6-44所示，表示当前处于蒙版编辑状态，所有的编辑操作都作用在图层蒙版上。若要切换至图层编辑状态，单击图层缩览图即可，如图6-45所示。

（5）**蒙版与图层的链接**　默认设置下，图层蒙版与对应的图层是链接的。在链接的情况下，移动或变动其中一方，另一方必然一起跟着变动。

在"图层"面板上单击图层缩览图和图层蒙版缩览图之间的链接图标，取消链接关系。此时移动或变换其中一方，另一方不会受到影响。再次在图层缩览图和图层蒙版缩览图之间单击可恢复链接关系。

（6）在图像窗口查看图层蒙版　按住Alt键，单击图层蒙版缩览图，此时在图像窗口可查看图层蒙版的灰度图像。若要在图像窗口恢复显示图像，按住Alt键再次单击图层蒙版缩览图即可。

（7）将图层蒙版转换为选区　按住Ctrl键，在"图层"面板上单击图层蒙版缩览图，可在图像窗口中载入蒙版选区，该选区将取代图像中的原有选区。

按住Ctrl+Shift组合键，单击图层蒙版的缩览图，或右击图层蒙版缩览图，在弹出的菜单中执行"添加蒙版到选区"命令，可将载入的蒙版选区与图像中原有选区进行并集运算。

按住Ctrl+Alt组合键，单击图层蒙版的缩览图，或右击图层蒙版缩览图，在弹出的菜单中执行"从选区中减去蒙版"命令，可从图像的原有选区中减去载入的蒙版选区。

按住Ctrl+Shift+Alt组合键，单击图层蒙版的缩览图，或右击图层蒙版缩览图，在弹出的菜单中执行"蒙版与选区交叉"命令，可将载入的蒙版选区与图像中的原有选区进行交集运算。

♛ 实战案例：提亮人物肤色

①打开"素材06/旅拍"，如图6-46所示。复制背景图层，在复制的图层上执行"图像>调整>曲线"命令，参数和效果如图6-47所示。

图6-46　"素材06/旅拍"

图6-47　执行"图像>调整>曲线"命令

②选中背景拷贝图层，按Alt键的同时单击添加蒙版按钮 ◻ ，添加黑色蒙版，如图6-48所示。此时，拷贝图层的像素全部被蒙版遮住，只能看到背景图层。

③使用白色硬度为0的画笔在黑色蒙版上进行涂抹，涂抹人物面部，涂抹的地方会被提亮，效果如图6-49所示。

图6-48 添加黑色图层蒙版　　　　　　　图6-49 提亮人物面部

6.2.2 矢量蒙版

矢量蒙版与图层蒙版相似，显示图层的部分展示内容。不同在于矢量蒙版是通过钢笔工具或形状工具创建显示范围。矢量蒙版框出的图形易于修改，可保持清晰的边界。

♛ 实战案例：火山野生动物

①打开"素材06/火山喷发"，如图6-50所示。

②使用自定义形状工具，在下拉菜单栏中的"野生动物"文件夹里选择一款动物形状。本案例选择了大象，如图6-51所示。工具模式选择"路径"。

③在画面中拖拽出大象路径，如图6-52所示。按住Ctrl键，同时单击蒙版按钮▣，创建矢量蒙版，得到火山大象，如图6-53所示。

图6-50 素材

图6-51 选择自定义形状

图6-52 绘制大象路径　　　　　　图6-53 创建矢量蒙版

6.2.3 剪贴蒙版

剪贴蒙版可以用一个图层的
内容来控制另外几个图层的显示
范围，因此，它往往由两个或多
个图层组成。如图6-54所示，在
剪贴蒙版组中，最下面的图层是
基底图层，它上方的图层是内容
图层。基底图层的像素区域决定
了内容图层的显示范围。

图6-54　剪贴蒙版

👑 实战案例：涂抹照片效果

①新建A4大小文档，置入"素材06/火山"，调整图片大小，使图片铺满画面，如
图6-55所示。

②在火山图层下新建图层，使用硬度为0的黑色画笔涂抹画面中部，如图6-56所示。

③按住Alt键，将鼠标移至图层面板上的火山图层，鼠标出现↓□时，单击图层，图
层前方出现↓符号，剪贴蒙版创建完成，效果如图6-57所示。

图6-55　置入"素材06/火山"

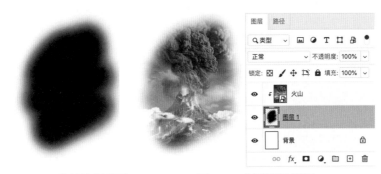

图6-56　绘制基底图层　　　图6-57　创建剪贴蒙版

6.2.4 快速蒙版

快速蒙版可以用来快速地建立选区。单击工具栏中的 🔲 按钮，可以进入快速蒙版模式，使用画笔工具，涂抹出想要的区域，涂抹区域变成红色。退出蒙版编辑时，就可以得到选区。

👑 实战案例：快速蒙版抠图

①打开"素材06/大象"，在大象图层上右键单击栅格化图层，如图6-58所示。单击左侧工具栏的"以快速蒙版模式编辑"按钮 🔲，进入快速蒙版模式，如图6-59所示。

②使用画笔工具涂抹画面中的大象。画笔为常规画笔、硬边圆、不透明的模式，画笔大小依据涂抹区域自行调节。画笔涂抹的区域会覆盖上半透明的红色，画笔超出大象区域的部分用橡皮擦擦除，如图6-60所示。

图6-58 图片栅格化选项

图6-59 快速蒙版按钮

图6-60 涂抹出大象

③涂抹出大象后，单击左侧工具栏的"以标准模式编辑"按钮 ⬛ 或按快捷键Q，退出快速蒙版模式，画面自动建立选区。此时的选区是大象以外的区域被选中，如图6-61所示。若要选择大象，则需要执行"选择>反选"命令（快捷键Ctrl+Shift+I），得到大象选区，如图6-62所示。

④用快捷键Ctrl+J把大象选区复制到新的图层，按Ctrl+D键取消选区。至此，则通过快速蒙版抠出了图中的大象，如图6-63所示。

图6-61　单击◙按钮
获得选区

图6-62　反选选区

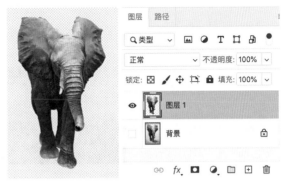
图6-63　抠出大象

练一练　**绘制环保海报**

案例视频

📑 案例背景

　　近年来，全球气候变暖问题日益突显，全球极端天气出现频率日益增高。需要让更多的人意识到环境问题，参与到环境保护行动中。下面通过本章所学，绘制一张环保主题海报，效果如图6-64所示。

图6-64　环保主题海报

💡 制作思路

　　环保海报的制作思路见表6-1。

表6-1　制作思路

序号	步骤	绘制效果	所用工具及要点说明
1	混合背景素材		使用图层蒙版工具混合背景素材

序号	步骤	绘制效果	所用工具及要点说明
2	抠出大象		使用快速蒙版工具抠出大象
3	为大象添加高光和阴影		使用剪贴蒙版为大象添加高光和阴影
4	添加火焰		使用图层蒙版添加火焰效果

制作环保海报的具体步骤

❶ 打开"素材06/草原"和"素材06/火山",分别如图6-65和图6-66所示。"火山"图层位于上方,"草原"图层位于下方,将"火山"图层向上移动一段距离,露出画面底部的草原,如图6-67所示。

图6-65 "素材06/草原"

图6-66 "素材06/火山"

图6-67 "火山"图层置于"草原"图层之上

❷ 添加图层蒙版。单击选中岩石图层，然后单击底部的"添加图层蒙版"按钮▣，添加图层蒙版，如图6-68所示。

❸ 使用渐变工具▣，选择线性渐变，渐变颜色设置为黑白渐变，如图6-69所示。在选中火山图层的图层蒙版缩略图的情况下，从上至下拖拽鼠标，在图层蒙版上绘制出黑白渐变，得到画面效果如图6-70所示。

图6-68　添加图层蒙版

图6-69　渐变工具设置

图6-70　最终画面效果及图层
面板

❹ 运用快速蒙版抠出大象素材。导入"素材06/大象"，单击工具栏▣按钮，进入快速蒙版模式。使用黑色画笔工具涂抹大象，然后单击▣按钮，退出快速蒙版模式。执行"选择>反选"命令，得到大象选区。复制并粘贴选区，得到抠出的大象，如图6-71所示。具体步骤详见前文"实战案例：快速蒙版抠图"。

❺ 通过剪贴蒙版处理大象主体的高光。新建一个高光图层，位于大象图层上面，选中高光图层，右键建立剪贴蒙版，使得高光图层效果应用于大象图层，如图6-72所示。选用画笔工具，画笔颜色为白色，然后用画笔在高光图层上涂抹，涂抹大象耳朵、头部受光区域，涂抹后调整图层透明度，使得高光自然呈现，如图6-73所示。

❻ 在高光图层上方新建图层，创建剪贴蒙版。用硬度为0的黑色画笔涂抹大象的脚部，绘制阴影，图层不透明度设置为49%，如图6-74所示。

❼ 增加火焰效果，通过图层蒙版调整火焰样式。置入"素材06/火焰"，将火焰图层置于最上层，图层样式调整为线性减淡，此时火焰的黑色背景会自动消失。按快捷

图6-71　抠出大象

图6-72　创建剪贴蒙版

图6-73　绘制高光

键Ctrl+T调整火焰方向、大小、位置，按回车键完成调整。然后按 ▢ 为火焰图层添加图层蒙版，用硬度为0的黑色画笔在蒙版上涂抹，擦去火焰素材的边缘，使火焰自然融入画面，如图6-75所示。

⑧ 复制多个火焰图层，调整火焰的大小、方向、位置，调整蒙版中遮蔽的区域，使火焰调整出满意的效果，如图6-76所示。

图6-74　绘制阴影

图6-75　绘制火焰

图6-76　添加火焰效果

案例小结

通过本案例的学习，对以下知识点、技能点有了更熟练的掌握：

☑　能使用图层蒙版工具进行图像合成；

☑　能使用快速蒙版工具进行抠图；

☑　能使用剪贴蒙版绘制效果。

1

文字与排版

⧗ 课时分配：4 课时

🎸 教学目标

知识目标 1. 掌握文本工具的使用方法。
2. 掌握标尺、参考线、网格、图框、画板等常用排版工具。

能力目标 能使用文本工具和常用排版工具进行图文排版。

思政目标 运用本章所学知识，将儒家经典《论语》中的名句做成酷炫的英文海报，向世界宣传博大精深的中国儒家文化，培养文化自信，增强民族自豪感。

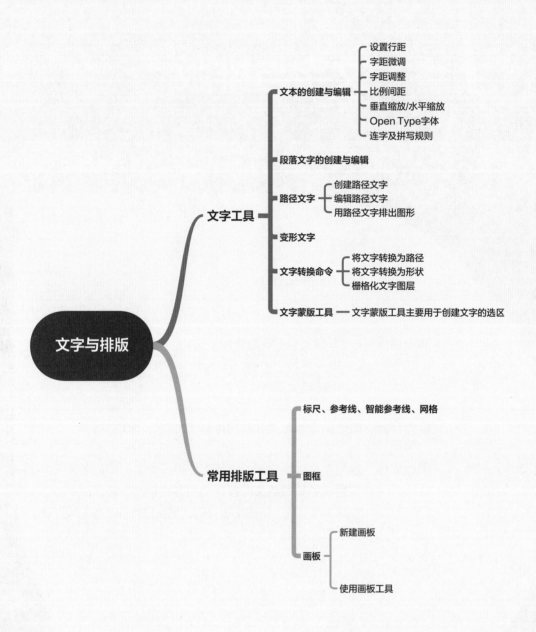

文字工具组包括横排文字工具 **T**、直排文字工具 **↓T**、横排文字蒙版工具 **T** 和直排文字蒙版工具 **↓T**，如图7-1所示。横排文字工具 **T** 用于创建水平走向、从上向下分行的文字和段落。直排文字工具 **↓T** 用于创建竖直走向、从右向左分行的文字和段落。横排文字蒙版工具 **T** 用来创建水平方向的文字选区，但不会生成文字图层。直排文字蒙版工具 **↓T** 用来创建竖直走向、从右向左的文字选区。文字工具属性栏如图7-2所示。

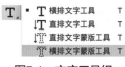

图7-1　文字工具组

图7-2　文字工具属性栏

7.1.1 文本的创建与编辑

使用文字工具在画面中单击鼠标，画面中便会出现闪烁的"I"形光标，便可以输入文字。输入完成后，可以选中文字，在"字符"面板中修改文字的字体、大小、字距、行距、颜色等参数。"字符"面板如图7-3所示，具体参数介绍如下。

（1）**设置行距**　可以设置各行文字之间的垂直间距。默认选项为"自动"，此时Photoshop会自动分配行距，它会随着字体大小的改变而改变。

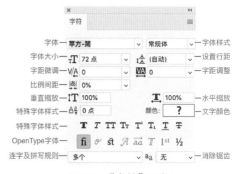

图7-3　"字符"面板

（2）**字距微调**　用来调整两个字符之间的距离。

（3）**字距调整**　字距微调只能调整两个字符之间的距离，而字距调整则可以调整多个字符或整个文本中所有字符的间距。如果要调整多个字符，可以使用横排文字工具将它们选取；如果未进行选取，则会调整文中所有字符的间距。

（4）**比例间距**　能收缩字符的间距。在未进行调整时，比例间距值为0%，此时字符的间距最大；设置为50%时，字符的间距会变为原来的一半；设置为100%时，字符的间距变为0。

（5）**垂直缩放/水平缩放**　垂直缩放可以垂直拉伸文字，不会改变其宽度；水平缩放可以在水平方向上拉伸文字，不会改变其高度。这两个百分比相同时，可进行等比缩放。

（6）**OpenType字体**　包含当前 PostScript 和 TrueType字体不具备的功能，如花饰字和自由连字。

（7）**连字及拼写规则**　可对所选字符进行有关连字符和拼写规则的语言设置。

知识插播

文本调整快捷键

【选中所有文字】按Ctrl+A键，可以快速选择所有文字。

【调整文字大小】选取文字后，按住Shift+Ctrl快捷键并连续按>键，能够将文字调大；按Shift+Ctrl+<快捷键，则将文字调小。

【调整字间距】选取文字后，按住Alt键并连续按→键可以增加字间距；按Alt+←快捷键，则减小字间距。

【调整行间距】选取多行文字后，按住Alt键并连续按↑键可以增加行间距；按Alt+↓快捷键，则减小行间距。

7.1.2 段落文字的创建与编辑

使用文字工具，按住鼠标，在画面中拖拽出虚线定界框，在定界框内输入一段话，如图7-4所示。拖动定界框的锚点，可以修改段落文字的布局，如图7-5所示。"段落"面板如图7-6所示，可用于处理段落排版。

图7-4　创建段落文字　　图7-5　修改段落文字的布局

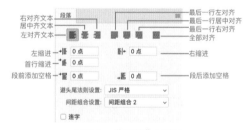

图7-6　"段落"面板

7.1.3 路径文字

（1）**创建路径文字**　在画面中绘制一条路径，如图7-7所示。注意，在路径上输入文字时，文字的排列方向与路径的绘制方向一致。因此，绘制路径时要从左往右绘制。然后切换到横排文字工具**T**，当鼠标靠近路径时，鼠标光标变为 ✐ ，如图7-8所示。在路径上单击鼠标，路径上出现闪烁的"I"形光标，便可输入文字。此时输入的文字会沿着路径排列，如图7-9所示。

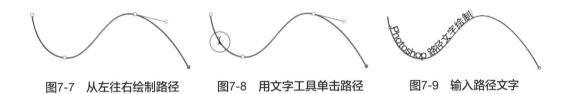

图7-7　从左往右绘制路径　　　　图7-8　用文字工具单击路径　　　　图7-9　输入路径文字

（2）**编辑路径文字**　使用路径直接选择工具▷或路径选择工具▶，将鼠标指针定位到文字上，当鼠标指针变为▷时，沿着路径拖拽鼠标，可移动文字，如图7-10和图7-11所示；当拖动鼠标指针变为反方向▷时，文字也发生反转，如图7-12所示。

图7-10　用路径选择工具　　　　　图7-11　移动路径文字　　　　　图7-12　反转路径文字

此外，还可以使用直接选择工具▷修改路径的形状，文字会沿着修改后的路径重新排列，如图7-13所示。

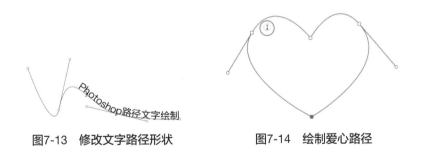

图7-13　修改文字路径形状　　　　　图7-14　绘制爱心路径

（3）**用路径文字排出图形**　除了让文字沿着路径排列，还能在封闭的路径内部填充大段的文字内容，使一段文字排列成特定的图形。在画面中用钢笔工具绘制一个爱心，然后切换到横排文字工具，当鼠标移动到封闭的爱心路径中时，光标变为 ⬚ ，如图7-14所示。单击鼠标，生成段落文字框，如图7-15所示。在文字框中粘贴整段文字，如图7-16所示，单击确认按钮✓，结束文本编辑，效果如图7-17所示。

图7-15　生成文字框　　　　图7-16　输入文字　　　　图7-17　最终效果

7.1.4 变形文字

Photoshop提供了15种预设的变形样式，可以让文字产生扇形、拱形等形状的变形。选中文字图层，执行"文字>文字变形"命令，打开"变形文字"对话框，在"样式"下拉栏可以选择文字变形样式，如图7-18所示。

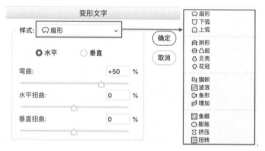

图7-18　"变形文字"对话框

7.1.5 文字转换命令

（1）**将文字转换为路径**　选择文字图层，执行"文字>创建工作路径"命令，可以基于文字生成工作路径，原文字图层保持不变。此外，右击文字图层，选择"创建工作路径"命令，也可以生成工作路径。生成的路径可以通过调整锚点得到变形文字，还可以进行填充和描边。

（2）**将文字转换为形状**　选择文字图层，执行"文字>转换为形状"命令，或者右击文字图层，在下拉菜单中选择"转换为形状"命令，可以将文字转换为矢量图形。转换后，原文字图层不会保留，无法修改文字内容、字体、间距等属性。

（3）**栅格化文字图层**　选择文字图层，执行"文字>栅格化文字图层"命令，或者右击文字图层，在下拉菜单中选择"栅格化文字"命令，可以将文字栅格化。栅格化是指将矢量对象像素化。

7.1.6 文字蒙版工具

文字蒙版工具主要用于创建文字的选区。通过下面的案例来学习文字蒙版的用法。

👑 **实战案例：透明立体字绘制**

①在Photoshop中打开"素材07/丹霞"，作为背景。使用文字蒙版工具在画面中拖拽出文本框，画面蒙上红色，如图7-19所示，在文本框中输入文字，如图7-20所示。

②单击确定按钮✔，退出蒙版模式，画面中出现文字选区，如图7-21所示。新建图层，用任意颜色填充选区，按Ctrl+D键取消选区，如图7-22所示。

③选中文字所在的图层，单击添加图层样式按钮*fx*，添加斜面浮雕图层样式，参数如图7-23所示，然后将图层填充改为0%，效果如图7-24所示。

图7-19　新建文字蒙版

图7-20　输入文字

图7-21　生成文字选区

图7-22　填充选区

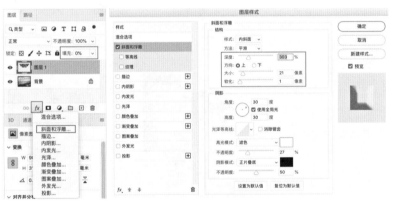
图7-23　设置图层样式和填充

图7-24　最终效果

7.2　常用排版工具

7.2.1　标尺、参考线、智能参考线、网格

Photoshop提供了多种方便测量和对齐的辅助工具，如标尺、参考线、智能参考线、网格等。使用这些工具可以轻松制作出尺度精准的对象和排列整齐的版面。

（1）标尺　对图像进行精确处理时，需要用到标尺工具。执行"文件>打开"命令，打开一张图片。执行"视图>标尺"命令（快捷键Ctrl+R），在文档窗口的顶部和左侧出现标尺，如图7-25所示。

图7-25　打开标尺

右击标尺，在弹出的快捷菜单中选择相应的单位，即可设置标尺的单位，如图7-26所示。默认情况下，标尺原点位于窗口左上方。原点位置可以进行更改，以满足设计需要。具体方法是：将光标放置在原点上，然后按住鼠标左键拖动原点，画面中会显示十字线，如图7-27所示。释放鼠标左键后，释放处便成了原点的新位置，同时刻度尺也会发生变化，如图7-28所示。若要使原点恢复默认状态，在左上角两条标尺交界处双击即可。

（2）**参考线**　参考线是一种显示在图像上方的虚拟对象（打印和输出时不会显示），用于辅助移动、变换过程中的精确定位。参考线是常用的辅助工具，可以辅助排版。

图7-26　设置标尺单位

①创建参考线。按快捷键Ctrl+R打开标尺。将光标放置在水平标尺上，然后按住鼠标左键向下拖动，即可拖出水平参考线，如图7-29所示；将光标放置在左侧的垂直标尺上，然后按住鼠标左键向右拖动，即可拖出垂直参考线，如图7-30所示。

②移动和删除参考线。如果要移动参考线，单击工具箱中的"移动工具"按钮🔀，然后将光标放置在参考线上，当其变成分隔符形状时，按住鼠标左键拖动，即可移动参考线，如图7-31所示。如果使用"移动工具"

图7-27　移动标尺原点

图7-28　完成标尺原点移动

将参考线拖出画布之外，可以删除这条参考线。如果要删除画布中的所有参考线，可以执行"视图>清除参考线"命令。

③隐藏参考线。执行"视图>显示>参考线"命令，可以切换参考线的显示和隐藏状态。

（3）**智能参考线**　"智能参考线"是一种在绘制、移动、变换等情况下自动出现的参考线，可以帮助用户对齐特定对象。移动图层，移动过程中与其他图层对齐时就会显示出洋红色的智能参考线，而且还会提示图层的间距，如图7-32所示。

（4）**网格** 网格主要用来对齐对象或精准地确定绘制对象。在默认情况下，网格显示为不打印出来的线条。执行"视图>显示>网格"命令，就可以在画布中显示出网格，如图7-33和图7-34所示。

图7-29　新建水平参考线

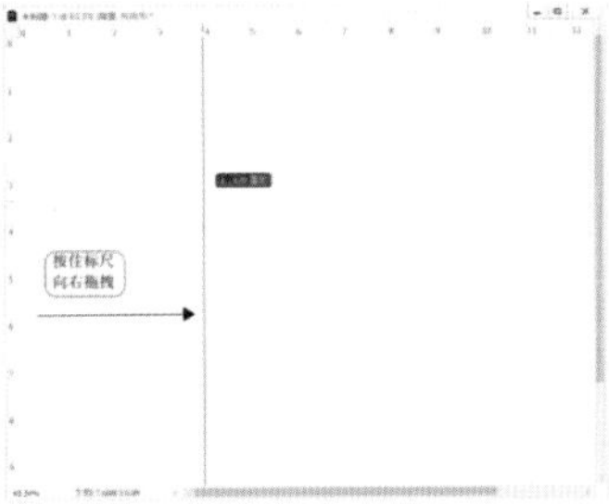

图7-30　新建垂直参考线

图7-31　移动参考线

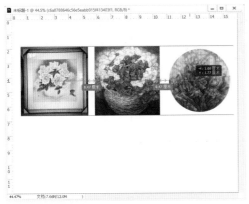

图7-32　智能参考线对齐图像

图7-33　照片原图

图7-34　打开网格

知识插播

设置不同颜色的参考线和网格

默认情况下，参考线为青色，智能参考线为洋红色，网格为灰色。如果正在编辑的文档与这些辅助对象的颜色非常相似，则可以更改参考线和网格的颜色。执行"编辑>首选项>参考线、网格和切片"命令，可以在弹出的"首选项"对话框中选择合适的颜色，还可以选择线条类型，如图7-35所示。

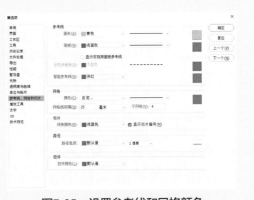

图7-35　设置参考线和网格颜色

7.2.2 图框

图框工具⊠类似于剪贴蒙版，使用起来更加方便，常用于图文排版中。图框工具的属性栏提供了矩形画框⊠和椭圆画框⊗，可以绘制矩形和椭圆形的图框。

新建A4文档，使用图框工具⊠在画面中拖拽出图框，如图7-36所示。选择一张照片直接拖入到图框中，照片就嵌入图框，超出图框的部分不会显示，如图7-37所示。可以使用移动工具移动图片来调整图框内显示的内容，还可以按Ctrl+T快捷键对图片进行缩放、旋转，从而调整图框内的内容，如图7-38所示。图框工具属性面板如图7-39所示。可以通过属性面板调整图框的大小、插入图像、对图框进行描边等。

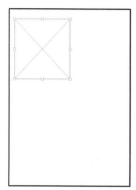
图7-36　新建图框

图7-37　置入照片

图7-38　缩放图片

图7-39　图框工具属性面板

下面通过实战案例来学习图框工具的用法。

🎓 实战案例：快速排版

①新建A4文档，使用图框工具，按住鼠标在画面上拖动，绘制出1个矩形图框，然后在工具属性栏上选择⊗，按住shift键拖动鼠标，绘制3个圆形图框，如图7-40所示。在工具属性栏上，选择⊠可以绘制矩形图框，选择⊗可以绘制椭圆形图框。按住Shift键，可以绘制正方形或圆形图框。

②置入照片。选中"素材\图框工具1"，并拖拽至矩形图框上，松开鼠标，照片自动嵌入图框中，如图7-41和图7-42所示。

③在图层面板中选中图框2，将"素材\图框工具2"拖拽至图框2中，如图7-43所示，得到效果如图7-44所示。

④用同样的方法将剩余两张图片分别置入另外两个圆形图框。选中图片拖动，可

以移动图片在图框中的位置，按Ctrl+T键可以缩放图片。将图片调整到合适的大小和位置，最终效果如图7-45所示。

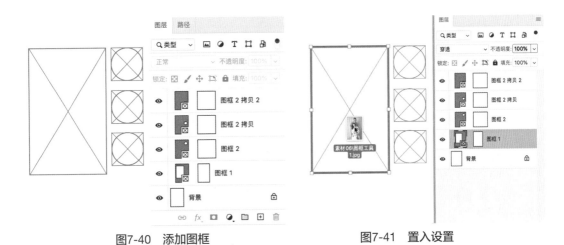

图7-40　添加图框　　　　　　　　　　　　图7-41　置入设置

图7-42　置入效果

图7-43　置入图片设置

图7-44　完成图片置入

图7-45　置入完成效果

7.2.3 画板

在一个文档中，可以创建多个画板。在制作多页画册或者带有多个内容的设计项目时，可以创建多个画板，制作时互不影响，并且方便查看预览效果。比如制作VI画册时，通常会创建一个特定的版面格式，通过复制的方法添加在其他画板中，快速得到统一的效果。

（1）新建画板

①创建画板。执行"文件>新建"菜单命令，在弹出的"新建文档"窗口中设置"宽度""高度"和"分辨率"，勾选"画板"选项，设置完成后单击"创建"按钮，如图7-46所示。或者执行"图层>新建>画板"命令，打开"新建画板"对话框，也可以新建画板，如图7-47所示。

②添加画板。直接使用移动工具组 ✛. 下的画板工具 ⬚. ，在画板之外的灰色区域按住鼠标拖拽，也可以绘制出新的画板，如图7-48所示。画板的尺寸可以在属性栏里进行修改。另外，选中画板时，画板的四周出现圆形加号，单击右侧的加号，在已有的画板右侧会自动创建一个相同大小尺寸的画板，如图7-49所示。

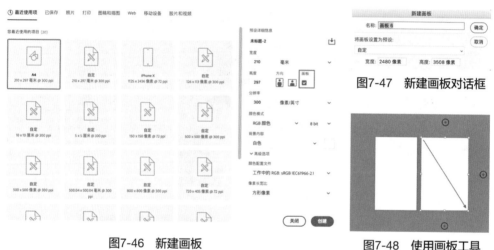

图7-46 新建画板

图7-47 新建画板对话框

图7-48 使用画板工具拖拽出新画板

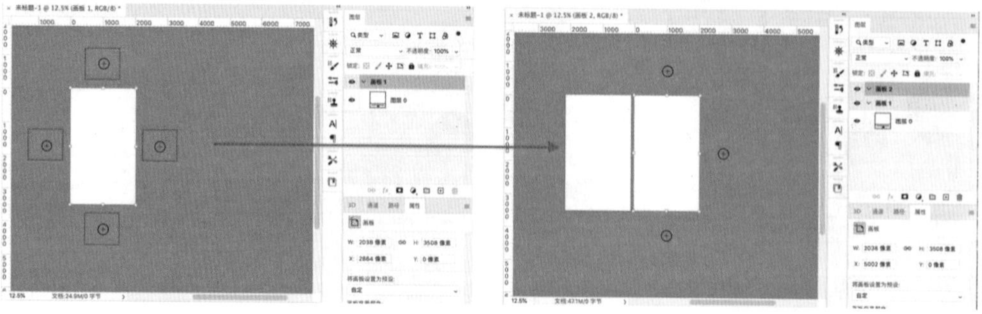

图7-49 增加画板

（2）使用画板工具

①移动画板。若要移动画板到想要的位置，则可以选中要移动的画板，按住Ctrl键，用鼠标拖动画板即可将画板移动到合适位置，如图7-50所示。

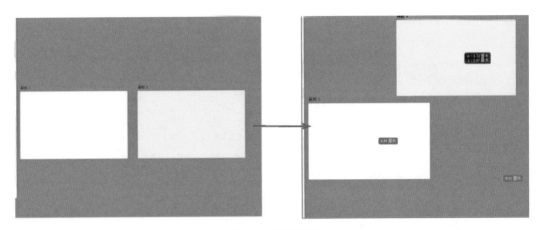

图7-50　移动画板

②复制并移动画板。使用移动工具，选中画板后，按住Alt键，移动鼠标，即可复制并移动画板，如图7-51所示。

③复制并平行移动画板。选择移动工具，选中画板后，按住Alt+Shift键，移动鼠标，即可复制并平移画板，如图7-52所示。

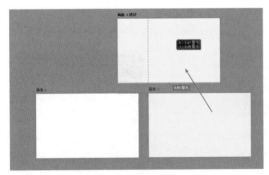

图7-51　移动并复制画板

图7-52　平移并复制画板

④编辑画板。若要改变画板的尺寸，则可以选中要编辑的画板，打开"窗口>属性"面板，如图7-53所示，再输入想要的尺寸数值，按回车键即可，如图7-54所示。

⑤分解画板。画板可以像图层一样解散。单击画板，执行"图层>取消画板编组"命令（快捷键Shift+Ctrl+G）就可以将画板分解，释放其中的图层和图层组。

⑥导出画板。选择画板，使用"文件>导出>画板至文件"命令，可以将画板导出为单独文件。选择画板，执行"文件>导出>将画板导出到PDF"命令，可将其导出为PDF文档。

图7-53 "窗口>属性"

图7-54 编辑画板尺寸

练一练 **绘制文字海报**

案例视频

案例背景

随着我国国家实力的提升，越来越多的外国人对中国传统文化产生浓厚的兴趣。中国文化也走出国门，在世界各地传播。下面运用本章所学知识，将儒家经典《论语》中的名句做成酷炫的英文海报，向世界宣传博大精深的中国儒家文化，效果如图7-55所示。

图7-55 英文版《论语》宣传海报

制作思路

文字海报的制作思路见表7-1。

表7-1　制作思路

序号	步骤	绘制效果	所用工具及要点说明
1	绘制参考线		新建A4文档，打开网格，绘制参考线
2	添加标题文字		用文字工具输入标题文字，沿参考线对文档进行斜切变形
3	添加《论语》选段		用文字工具输入《论语》选段，沿参考线对文档进行斜切变形
4	添加背景颜色，并修改文字颜色		为海报添加背景颜色，用文字工具修改海报中文字的颜色
5	添加小字信息		在海报中添加小字信息，作为装饰和内容补充

制作文字海报的具体步骤

❶ 新建竖版A4文档，执行"视图>显示"，勾选网格，效果如图7-56所示。然后新建图层，使用直线工具，在属性栏中选择"像素"模式，绘制三条参考线，如图7-57所示。为了避免网格的视觉干扰，在"视图"下关闭"显示额外内容"，仅留下参考线，如图7-58所示。

❷ 打开word文档"素材07/论语海报英文文档"，复制标题英文内容。切换回Photoshop，选择横排文字工具**T**，在画面中拖拽出文本框，粘贴复制的英文标题，设置文本字体为"Britannic Bold"，字体大小48点，行间距60点，加粗，全部大写，文本如图7-59所示，文本字符面板参数如图7-60所示。单击确认按钮✓，完成文字设置。

❸ 按快捷键Ctrl+T对文本进行自由变换，先进行缩放，使文字变得修长，如图7-61所示。然后右击鼠标，切换为"斜切"命令，将段落文字沿参考线倾斜，如图7-62所示。

❹ 切换至word文档，复制第一段英文选段。回到Photoshop，使用文字工具，在画面中拖拽出段落文本框，粘贴文档。设置字体为Abadi MT Condensed Light，字体大小16点，全部大写，加粗，效果如图7-63所示，字符面板参数如图7-64所示。单击确认

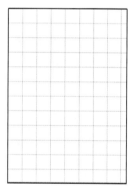
图7-56　显示网格

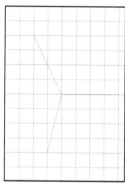
图7-57　绘制参考线

图7-58　关闭"显示额外内容"

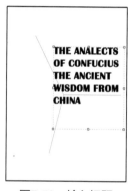
图7-59　输入标题

图7-60　设置字符参数

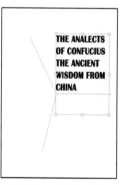
图7-61　缩放字体

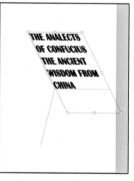
图7-62　斜切字体

图7-63　添加《论语》选段

按钮✓，完成文字设置。

⑤ 用与步骤③同样的方法对文本进行斜切，得到效果如图7-65所示。

⑥ 重复步骤④的方法，将第二段英文选段添加进画面，文字参数设置同图7-64所示一致。注意，将段落文本右对齐，如图7-66所示。

⑦ 用与步骤③同样的方法对文本进行自由变换，沿参考线排布，如图7-67所示。

⑧ 对3个文字图层的位置和排版进行微调，关闭参考线图层，最终效果如图7-68所示。

⑨ 在背景图层上方新建图层，填充颜色#554d45，如图7-69所示。

⑩ 用文字工具选中标题文字，在文字属性栏中将字体颜色改为#f3b681；用同样的方法，将画面右下方的文字颜色改为#cea98b；画面左侧的文字颜色改为#d89166。最终颜色设置如图7-70所示。

⑪ 打开word，复制小字信息，分别添加进画面的左上角、右上角和右下角，字体均为Abadi MT Condensed Light，右下角和右上角字体为11点，左上角字体为16点。最终效果如图7-71所示。

图7-64　字符面板参数

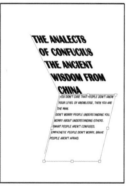

图7-65　斜切文本

图7-66　添加第二段选段

图7-67　自由变换文本

图7-68　文本排版效果

图7-69　填充背景颜色

图7-70 设置文字颜色 图7-71 添加小字信息

案例小结

通过本案例的学习，对以下知识点、技能点有了更熟练的掌握：

☑ 能使用文字工具进行文字排版；

☑ 能运用网格和参考线辅助图文排版。

8

滤镜

⧗ 课时分配：4 课时

🎯 教学目标

知识目标　1. 掌握滤镜的概念和使用技巧。
　　　　　　2. 掌握各类滤镜组的效果和使用方法。

能力目标　能使用各种滤镜绘制艺术效果。

思政目标　运用本章所学知识，为提升高校学生的自我防范
　　　　　　意识，有益于其身心健康发展，促进校园防诈骗工
　　　　　　作的开展，引导学生树立正确的价值观、人生观。

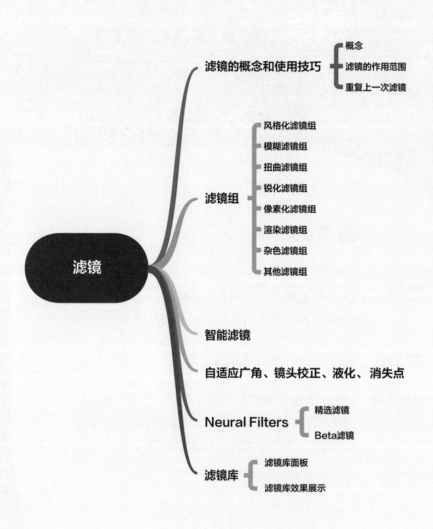

8.1 滤镜的概念

滤镜是Photoshop的一种特效工具，能够实现各种神奇的图像效果。Photoshop提供了100多款滤镜，都在"滤镜"菜单中，如图8-1所示。其中，"滤镜库""镜头校正""液化""消失点"等是大型滤镜，被单独列出，其他滤镜按照用途分类，放置在各个滤镜组中。如果安装了外挂滤镜，则它们会出现在菜单底部。

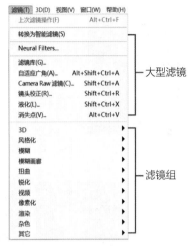

图8-1　滤镜菜单栏

知识插播

滤镜的使用技巧

【滤镜作用范围】滤镜只能处理一个图层，不能同时处理多个图层。如果创建了选区，滤镜只处理选中的图像；若未创建选区，则处理当前图层中的全部图像。滤镜处理图像时，需要先选择要处理的图层，并使图层可见。如果想对多个图层的画面应用滤镜，需要先合并图层再应用滤镜，或者按Ctrl+Alt+Shift+E进行图层盖印，然后在盖印图层上应用滤镜。

【滤镜处理效果】滤镜的处理效果是以像素为单位进行计算的，因此，用相同的参数处理不同分辨率的图像，效果会出现差异。

【重复上一次滤镜】按快捷键Ctrl+F直接重复上一次滤镜，按Ctrl+Alt+F，调出刚用过的滤镜的参数面板，设置新的参数后使用刚用过的滤镜。

【终止处理】应用滤镜的过程中如果要终止处理，可以按Esc键。

8.2 滤镜组

8.2.1 风格化滤镜组

风格化滤镜主要是在图层或选区内实现特殊的艺术效果。风格化滤镜组包括"查找边缘""等高线""风""浮雕""扩散""拼贴""曝光过度""凸出"。图8-2所示为原图，具体效果如图8-3至图8-10所示。

图8-2　原图

图8-3　查找边缘

图8-4　等高线

图8-5　风

图8-6　浮雕

图8-7　扩散

图8-8　拼贴

图8-9　曝光过度

图8-10　凸出

（1）**查找边缘**　查找图像中明显的边缘，并使用深色的线条勾画出来，无对话框。

（2）**等高线**　查找图像边缘，并用浅色细线勾画这些边缘，产生类似等高线效果。

（3）**风**　模仿图像被风吹散的效果。

（4）**浮雕**　将图像填充为灰色，并使用原色勾画图形轮廓，生成凸出和浮雕的效果。

（5）**扩散**　产生在湿画纸上绘画的图像扩散效果。

（6）**拼贴**　将图像分解成若干个方形拼贴，并且进行偏移。

（7）**曝光过度**　原图像与原图像的反相进行混合后的效果，无对话框。

（8）**凸出**　将图像分割为指定的三维立体方块或棱锥体。

滤镜组的滤镜使用方法基本相同。以"风"滤镜为例，在滤镜下拉菜单栏的"风格化"滤镜组中单击"风"，便会弹出"风"的参数设置对话框，如图8-11所示。依据预览框中的效果设置好参数后，单击确定，滤镜效果便应用于当前的图层或选区中。按Ctrl+F组合键可以重复前一次的滤镜命令。

图8-11　"风"对话框

170　　Photoshop 产品设计表现

8.2.2 模糊滤镜组

模糊滤镜可以创建各种模糊效果。常用的有"表面模糊""动感模糊""方框模糊""高斯模糊""进一步模糊""径向模糊""镜头模糊""模糊""平均""特殊模糊""形状模糊"。图8-12所示为示例原图，具体效果如图8-13至图8-24所示。

（1）**表面模糊**　保留图像边缘的情况下模糊图像。

（2）**动感模糊**　沿某一方向线性位移，形成物体快速移动的视觉效果。

（3）**方框模糊**　使用相邻像素模糊图像。

（4）**高斯模糊**　利用高斯曲线的分布模式，有选择地模糊图像。

图8-12　原图　　　图8-13　表面模糊　　　图8-14　动感模糊　　　图8-15　方框模糊　　　图8-16　高斯模糊

图8-17　进一步　　　图8-18　径向模糊　　　图8-19　径向模糊　　　图8-20　镜头模糊　　　图8-21　模糊
　　　　模糊　　　　　　　（旋转）　　　　　　　（缩放）

图8-22　平均　　　图8-23　特殊模糊　　　图8-24　形状模糊

（5）**进一步模糊**　使图像产生轻微的模糊效果。

（6）**径向模糊**　制造图像从中心点向外旋转或缩放的模糊效果。

（7）**镜头模糊**　仿照镜头拍摄的模糊方式，使镜头焦点之外的区域变模糊。

（8）**模糊**　使图像产生轻微的模糊效果。

（9）**平均**　软件计算出图像或选区内的平均颜色，并用该色填充图像或选区。

（10）**特殊模糊**　可产生特殊手绘效果的图像。

（11）**形状模糊**　根据指定的形状对图像进行模糊。

8.2.3 扭曲滤镜组

扭曲滤镜组可以按照各种方式对图像进行几何扭曲，包括"波浪""波纹""极坐标""挤压""切变""球面化""水波""旋转扭曲""置换"。图8-25所示为示例原图，具体效果如图8-26至图8-41所示。

（1）**波浪**　模仿各种形式的波浪效果。

（2）**波纹**　模仿水面上的波纹效果。

（3）**极坐标**　可将图像平面坐标与极坐标相互转换。

（4）**挤压**　将图像向中心或两边挤压，制造出凹下或凸出的效果。

图8-25　原图　　　图8-26　波浪　　　图8-27　波纹　　　图8-28　极坐标　　　图8-29　极坐标
（平面坐标到极　（极坐标到平面
坐标）　　　　　坐标）

图8-30　挤压　　　图8-31　挤压　　　图8-32　切变　　　图8-33　切变　　　图8-34　球面化
（凹下）　　　　（凸出）　　　　（折回）　　（重复边缘像素）　　（正常）

图8-35　球面化　　　图8-36　球面化　　　图8-37　水波　　　图8-38　水波　　　图8-39　水波
（水平优先）　　　　（垂直优先）　　　（围绕中心）　　　（由中心向外）　　　（水池波纹）

（5）**切变**　使图像沿曲线的垂直方向任意扭曲。

（6）**球面化**　使图像产生类似球体或圆柱的凸起或凹陷效果。

（7）**水波**　将图像按同心环状由中心向外排布，模仿水面上的涟漪效果。

（8）**旋转扭曲**　模仿漩涡的效果。

（9）**置换**　可以产生弯曲、碎裂的图像效果。

图8-40　旋转扭曲　　图8-41　置换

8.2.4　锐化滤镜组

锐化滤镜组通过增加相邻像素的对比度，使图像变得更加清晰。滤镜组包括"USM锐化""防抖""进一步锐化""锐化""锐化边缘""智能锐化"。图8-42所示为示例原图，具体效果如图8-43至图8-48所示。

（1）**USM锐化**　按指定的阈值查找图像边缘的像素，并按指定数量增加这些像素间的对比度。

图8-42　原图　　图8-43　USM锐化

图8-44　防抖　　图8-45　进一步锐化　　图8-46　锐化　　图8-47　锐化边缘　　图8-48　智能锐化

（2）**防抖** 能将因抖动而导致模糊的照片修改成正常的清晰效果。

（3）**进一步锐化** 使图像产生轻微的锐化效果，使图像变得更清晰。

（4）**锐化** 使图像产生轻微的锐化效果。

（5）**锐化边缘** 只锐化图像的边缘，其他区域不变。

（6）**智能锐化** 可根据特定的算法对图像进行锐化。

8.2.5 像素化滤镜组

像素化滤镜将图像中相似颜色值的像素结成块，从而形成点状、晶格等多种特效。滤镜组包括"彩块化""彩色半调""点块化""晶格化""马赛克""碎片""铜板雕刻"。图8-49所示为示例原图，具体效果如图8-50至图8-58所示。

（1）**彩块化** 将图像内颜色相近的像素结成像素块，产生印象派绘画效果。

（2）**彩色半调** 将每个单色通道上的图像划分为矩形，并用圆形替换它们，用于模拟网版印刷效果。

（3）**点块化** 可将图像中的颜色分解为随机分布的色块，产生点彩画效果。

（4）**晶格化** 可使图像中相似的有色像素结成块面，形成多边形纯色晶格。

（5）**马赛克** 将图像中相似颜色的像素结成方块，从而形成马赛克效果。

（6）**碎片** 将图像中的像素创建四个副本，相互偏移，从而形成虚影效果。

（7）**铜板雕刻** 在图像中随机生成由不规则的点或线绘制的图案。

图8-49　原图

图8-50　彩块化

图8-51　彩色半调

图8-52　点块化

图8-53　晶格化

图8-54　马赛克

图8-55　碎片

图8-56　铜板雕刻
（短描边）

图8-57　铜板雕刻
（短直线）

图8-58　铜板雕刻
（精细点）

8.2.6 渲染滤镜组

渲染滤镜组可产生火焰、树、图片框、分层云彩、光照效果、纤维、云彩和镜头光晕的效果。

当背景设置为黑色，使用椭圆工具画出一个圆形的路径时（图8-59），"火焰""图片框""树"的具体效果如图8-60至图8-62所示。

（1）**火焰和树** 可沿路径产生火焰、树的效果。

（2）**图片框** 可在背景上产生图框效果。

当前景色设置为"黑色"，背景色设置为"白色"时，"分层云彩""光照效果""纤维""云彩"的具体效果如图8-63至图8-68所示。

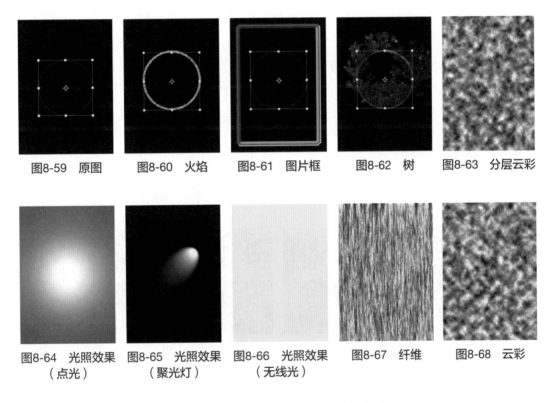

图8-59 原图　　图8-60 火焰　　图8-61 图片框　　图8-62 树　　图8-63 分层云彩

图8-64 光照效果　图8-65 光照效果　图8-66 光照效果　图8-67 纤维　　图8-68 云彩
（点光）　　　　（聚光灯）　　　　（无线光）

（1）**分层云彩** 混合当前的前景色和背景单色，随机生成云彩图案。

（2）**光照效果** 可产生各种光照效果。

（3）**纤维** 使用前景色和背景色编织纤维外观，并将原图取代。

（4）**云彩** 由前景色和背景色随机生成柔和的云彩图案，将原图取代。

当前景色设置为"黑色"，背景色设置为"黑色"时，"镜头光晕"具体效果如图8-69至图8-72所示。

镜头光晕是模仿阳光直射到相机镜头时拍摄到的效果。

图8-69 镜头光晕　　图8-70 镜头光晕　　图8-71 镜头光晕　　图8-72 镜头光晕
（50~300毫米变焦）　（35毫米聚焦）　（105毫米聚焦）　（电影镜头）

8.2.7 杂色滤镜组

杂色滤镜组可给图像添加或者减少杂色，包括"减少杂色""蒙尘与划痕""去斑""添加杂色""中间值"。图8-73所示为示例原图，具体效果如图8-74至图8-78所示。

（1）**减少杂色**　在保留边缘的情况下减少图像中的杂色。

（2）**蒙尘与划痕**　通过改变不同的像素来减少图像中的杂色。

（3）**去斑**　将图像边缘外的其他区域进行模糊，在图像上应用一次去斑效果不明显，一般要应用多次后才可看到效果。

（4）**添加杂色**　在图像上随机添加杂点。

（5）**中间值**　通过混合图像的亮度，达到减少图像中杂色的效果。

图8-73　原图　　图8-74　减少　　图8-75　蒙尘　　图8-76　去斑　　图8-77　添加　　图8-78　中间值
　　　　　　　　　　　杂色　　　　　与划痕　　　　　　　　　　　杂色

8.2.8 其他滤镜组

其他滤镜包括"HSB/HSL""高反差保留""位移""自定""最大值""最小值"。图8-79所示为示例原图，具体效果如图8-80至图8-87所示。

（1）**HSB/HSL**　可以快速精准地调整画面中的局部饱和偏高或偏低。

图8-79　原图

图8-80　HSB/HSL

图8-81　高反差保留

图8-82　位移（折回）

图8-83　位移
（设置为透明）

图8-84　位移
（重复边缘像素）

图8-85　自定

图8-86　最大值

图8-87　最小值

（2）**高反差保留**　可删除图像中颜色变化平缓的部分。

（3）**位移**　将图像根据设置进行水平或者垂直移动。

（4）**自定**　可创建任意所需效果滤镜。

（5）**最大值**　可加强亮部区域的色调，减弱暗部区域的色调。

（6）**最小值**　与"最大值"相反，可加强暗部区域的色调，减弱亮部区域的色调。

8.3　智能滤镜

智能滤镜是应用于智能对象的滤镜，可以对其进行修改和删除操作，不会破坏图像。

选中的图层将转换为智能对象，以启用可重新编辑的智能滤镜。图8-88所示为示例原图，具体效果如图8-89所示。

图8-88　原图

图8-89　应用智能滤镜后

8.4.1 滤镜库面板

Photoshop将常用的滤镜放置在滤镜库中，方便使用者在同一图层或选区中同时应用多个滤镜。滤镜库中共有六大类，分别为风格化、画笔描边、扭曲、素描、纹理、艺术效果。点选"滤镜库"，弹出滤镜库面板，如图8-90所示。

（1）**预览区**　预览区用于查看当前设置下的效果。单击预览区下方的"+"和"−"按钮，可以缩放预览区。单击 [100% ▼]按钮可弹出菜单，用于精确缩放预览图像。

（2）**滤镜列区**　此区中列出了滤镜库内所有的滤镜。

（3）**参数调整区**　用于调整所选滤镜的各个参数值。

（4）**所有滤镜记录区**　按照选择的先后顺序，自下而上列出了要应用到图像的所有滤镜。可通过上下拖动滤镜调整滤镜使用的先后顺序，从而改变了总体滤镜效果。可任意增加和删除效果。

图8-90　滤镜库面板

8.4.2 滤镜库效果展示

（1）**风格化**　风格化包括"照亮边缘"，如图8-91所示。

（2）**画笔描边**　画笔描边包括"成角的线条""墨水轮廓""喷溅""喷色描边""强化的边缘""深色线条""烟灰墨""阴影线"，具体效果如图8-92至图8-99所示。

（3）**扭曲**　扭曲包括"玻璃""海洋波纹""扩散亮光"，具体效果如图8-100至

图8-102所示。

（4）**素描** 素描包括"半调图案""便条纸""粉笔和炭笔""铬黄渐变""绘图笔""基底凸现""石膏效果""水彩画纸""撕边""炭笔""炭精笔""图章""网状""影印"，具体效果如图8-103至图8-116所示。

图8-91　照亮边缘

图8-92　成角的
线条

图8-93　墨水轮廓

图8-94　喷溅

图8-95　喷色描边

图8-96　强化的边缘

图8-97　深色线条

图8-98　烟灰墨

图8-99　阴影线

图8-100　玻璃

图8-101　海洋波纹

图8-102　扩散亮光

图8-103　半调图案

图8-104　便条纸

图8-105　粉笔和
炭笔

图8-106　铬黄渐变

图8-107　绘图笔

图8-108　基底凸现

图8-109　石膏效果　图8-110　水彩画纸

（5）**纹理** 纹理包括"龟裂缝""颗粒""马赛克拼贴""拼缀图""染色玻璃""纹理化"，具体效果如图8-117至图8-122所示。

（6）**艺术效果** 艺术效果包括"壁画""彩色铅笔""粗糙蜡笔""底纹效果""调色刀""干画笔""海报边缘""海绵""绘画涂抹""胶片颗粒""木刻""霓虹灯光""水彩""塑料包装""涂抹棒"，具体效果如图8-123至图8-137所示。

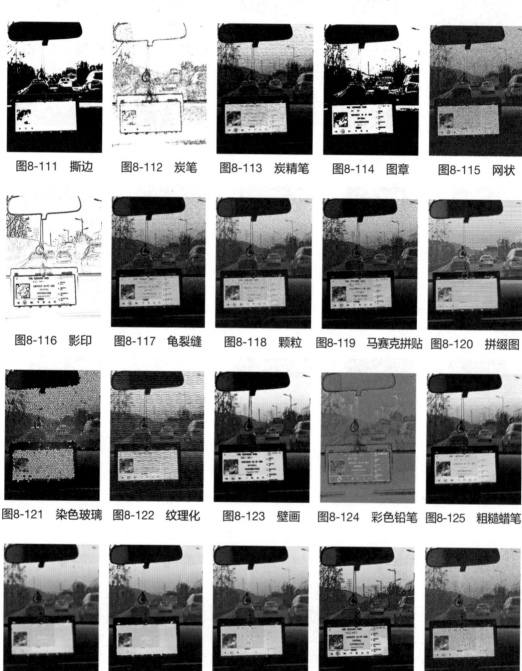

图8-111 撕边　　图8-112 炭笔　　图8-113 炭精笔　　图8-114 图章　　图8-115 网状

图8-116 影印　　图8-117 龟裂缝　　图8-118 颗粒　　图8-119 马赛克拼贴　图8-120 拼缀图

图8-121 染色玻璃　图8-122 纹理化　　图8-123 壁画　　图8-124 彩色铅笔　图8-125 粗糙蜡笔

图8-126 底纹效果　图8-127 调色刀　　图8-128 干画笔　　图8-129 海报边缘　图8-130 海绵

图8-131　绘画涂抹　图8-132　胶片颗粒　图8-133　木刻　图8-134　霓虹灯光

图8-135　水彩　图8-136　塑料包装　图8-137　涂抹棒

8.5　自适应广角、镜头校正、液化、消失点

（1）**自适应广角**　自适应广角能将广角镜头造成的弧形扭曲效果校正回水平，具体效果如图8-138和图8-139所示。

（2）**镜头校正**　镜头校正可以校正镜头中的倾斜、广角等问题，如图8-140和图8-141所示，通过重新设置水平线校正倾斜的图像。

（3）**液化**　液化滤镜可使图像产生扭曲变形，如图8-142和图8-143所示。

（4）**消失点**　可以在保持图像透视效果的基础上用图章工具修复图像，具体效果如图8-144和图8-145所示。

图8-138　原图　　　　　图8-139　应用"自适应广角"滤镜后

图8-140 原图　　　　　　　　图8-141 应用"镜头校正"滤镜后

图8-142 原图　　图8-143 应用"液化"滤镜后　　图8-144 原图　　图8-145 应用"消失点"滤镜后

♛ 实战案例：消失点

①在Photoshop中分别打开"素材08\盒子原图"（图8-146）和"素材08\包装素材"（图8-147），可以同时选择两张图片素材，然后右击，在打开方式中选择Photoshop软件。

②选中"包装素材"文件，执行Ctrl+A全选命令，再执行Ctrl+C命令复制。然后选中"盒子原图"文件，执行命令"滤镜>消失点"，如图8-148所示。沿着盒子边缘创建一个平面，如图8-149所示，再按住Ctrl键拖拽另外一个面，调整好边缘的位置，一个一个搭建好盒子上所有面的网格，如图8-150所示。

案例视频

滤镜(T)	3D(D)	视图(V)	窗口(W)	帮助(H)

上次滤镜操作(F)　　　　　Alt+Ctrl+F

转换为智能滤镜(S)

Neural Filters...

滤镜库(G)...
自适应广角(A)...　　　Alt+Shift+Ctrl+A
Camera Raw 滤镜(C)...　　Shift+Ctrl+A
镜头校正(R)...　　　　　Shift+Ctrl+R
液化(L)...　　　　　　　Shift+Ctrl+X
消失点(V)...　　　　　　　Alt+Ctrl+V

3D
风格化
模糊
模糊画廊
扭曲
锐化
视频
像素化
渲染
杂色
其它

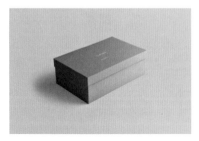

图8-146 盒子原图　　　　　图8-147 包装素材　　　　　图8-148 消失点

③执行Ctrl+V粘贴命令，如图8-151所示，将包装素材拖进网格，并调整位置，效果如图8-152所示。

图8-149　创建一个平面　图8-150　搭建好所有网格　图8-151　粘贴包装素材　图8-152　最终效果图

8.6 Neural Filters

Neural Filters（神经网络滤镜）是一个完整的滤镜库，它使用了由 Adobe Sensei所提供的机器学习功能，可以大幅减少复制的工作流程，在一些功能上可能只需单击几下即可。它通过生成新的像素来优化、处理和修改图像，新产生的像素实际上不存在于原始图像中。

（1）精选滤镜　精选滤镜包括"皮肤平滑度"，具体效果如图8-153所示。

（2）Beta滤镜　Beta滤镜包括"智能肖像""妆容迁移""深度感知雾化""着色""超级缩放""移除JPEG伪影"，具体效果如图8-154至图8-159所示。

图8-153　应用"皮肤平滑度"后的效果

图8-154　应用"智能肖像"后的效果

图8-155　应用"妆容迁移"后的效果

图8-156　应用"深度感知雾化"后
　　　　的效果

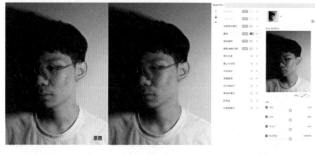

图8-157　应用"着色"后的效果

图8-158　应用"超级缩放"后的效果

图8-159　应用"移除JPEG伪影"后
　　　　的效果

案例视频

案例背景

随着社会进入网络信息时代，人们的信息来源越来越广泛，但却难辨真假。诈骗分子往往摸准了高校学生单纯、富有同情心、防范意识低、法制观念不强的弱点，利用各种手段骗取学生钱财，继而引发诈骗。

当下，需要提高高校学生对诈骗的鉴别能力和自我防范意识，思考网络是馅饼还是陷阱，从而警惕网络馅饼，开始防范网络陷阱。下面将运用本章所学知识来制作反诈骗海报，海报效果如图8-160所示。

图8-160　反诈骗海报

制作思路

反诈骗海报的制作思路见表8-1。

表8-1　制作思路

序号	步骤	绘制效果	所用工具及要点说明
1	导入素材 （背景、文字）		打开"素材02\背景"和"素材02\陷""素材02\饼""素材02\阱"，使用移动工具进行排版
2	做撕纸效果		运用套索工具、滤镜与图层样式来制作

序号	步骤	绘制效果	所用工具及要点说明
3	做翻纸效果		运用钢笔工具和变形工具来制作
4	增加有趣文案		积累有趣的文案，赋予画面生动性

🔗 制作反诈骗海报的具体步骤

①新建文件，尺寸297毫米×420毫米，分辨率300像素/英寸，如图8-161所示。

②导入"素材08\背景"和"素材08\陷""素材08\饼""素材08\阱"，将"素材08\陷""素材08\饼""素材08\阱"图层缩放并移动到合适位置，效果如图8-162。

③先隐藏"饼"字图层，然后用磁性套索工具 选择"阱"字边缘需要撕开的区域，按Q键进入剪切蒙版，效果如图8-163所示。

图8-161　新建文件尺寸　　图8-162　使用移动工具排版　　图8-163　进入剪切蒙版

④ 选择"滤镜>像素化>晶格化",调整参数,刻画撕纸边缘,具体参数如图8-164至图8-166所示。

⑤ 新建图层,将选择的选区填充白色,给这一图层增加"内阴影"图层样式,如图8-167至图8-169所示。

⑥ 选取"饼"字要向上翻折的区域,同上述方法,运用套索工具刻画翻纸边缘,建立选区,在背景图层上按Ctrl+C和Ctrl+V,将要翻折纸的图层右键进行变形,让纸张翻折起来,如图8-170至图8-173所示。

⑦ 新建图层,选择画笔工具 ,在翻折纸张下面画上投影,配合透明度和流量进行调节,效果如图8-174所示。

图8-164 选择"晶格化"

图8-165 "晶格化"参数

图8-166 刻画撕纸边缘

图8-167 新建图层填充白色

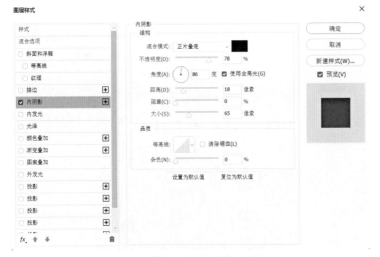

图8-168 增加"内阴影"图层样式

图8-169 撕纸效果

❽用钢笔工具  勾画出翻折纸张向上翻折的反光面；用渐变工具吸取背景的暗部与亮部的颜色，添加翻折面的立体感；用画笔工具对翻折面的阴影部分进行刻画，同上述操作，如图8-175至图8-178所示。

❾用钢笔工具  勾画出高光和阴影，描边进行刻画，具体步骤如图8-179至图8-181所示。

图8-170　选择要翻折的选区

图8-171　选择背景图层上的纸张

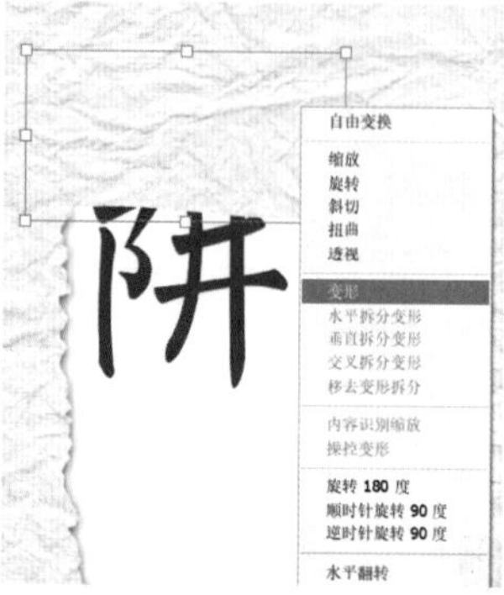

图8-172　选择变形工具

图8-173　纸张变形

图8-174　增加投影

图8-175　勾画翻折面

图8-176　刻画反光面的内投影

图8-177　渐变工具参数

图8-178　反光图层和内投影图层

⑩ 对"饼"字进行变形，根据纸张翻折的形状进行删减，如图8-182和图8-183所示，最终翻折效果如图8-184所示。

⑪ 增加一些有趣的文案，使海报更精致，最终效果如图8-185所示。

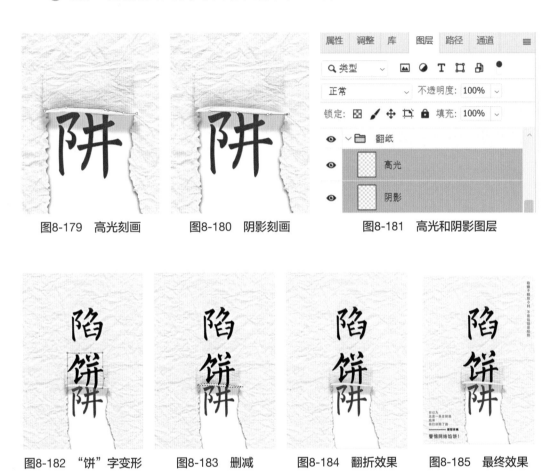

图8-179　高光刻画　　　　图8-180　阴影刻画　　　　图8-181　高光和阴影图层

图8-182　"饼"字变形　　图8-183　删减　　　图8-184　翻折效果　　　图8-185　最终效果

💡 案例小结

通过本案例的学习，对以下知识点、技能点有了更熟练的掌握：

☑　能对图层进行移动、缩放等操作；

☑　能为图层添加图层样式。

9 产品绘制表现：
保温壶

🖹 实训内容：绘制保温壶

🖹 课时分配：4 课时

🎯 教学目标

知识目标　1. 掌握产品绘制流程。

　　　　　　2. 掌握塑料材质表现手法。

　　　　　　3. 掌握产品光影及细节的表现方法。

能力目标　1. 能独立绘制保温壶效果图。

　　　　　　2. 能在教师分析下绘制同类产品。

思政目标　通过保温壶绘制，培养学生精益求精的工匠精神

　　　　　　和善于举一反三、迁移运用的职业素养。

9.1.1 产品绘制整体思路

　　Photoshop被广泛应用于产品绘制和海报合成。产品设计师需要熟练使用Photoshop来绘制表现各种材质的产品。本章主要介绍塑料材质产品绘制的要领。塑料材质可以是光滑的高反光材质，也可以是磨砂的柔光材质。本章将通过保温壶绘制案例（图9-1），呈现不同塑料材质的绘制方法。

　　此款保温壶壶身为光面塑料材质，壶口为不锈钢材质，都具有高反光的属性。高反光材质因表面光滑且坚硬而产生大面积的光影效果，在绘制时既要保证光影轮廓的清晰和肯定，同时又要避免过于生硬和表面化。壶把手为亚光磨砂质感的塑料，反光较为柔和。在绘制保温壶时，要注意不同材质的光影效果。本案例主要用渐变工具、加深减淡工具等来表现不同材质的效果。

图9-1　保温壶效果图

9.1.2 绘制流程分解

　　绘制思路见表9-1。

表9-1　产品绘制思路

序号	步骤	绘制效果	所用工具及要点说明
1	保温瓶整体造型		使用钢笔工具绘制结构线；使用添加杂色制造塑料质感

序号	步骤	绘制效果	所用工具及要点说明
2	高光		使用钢笔工具绘制高光轮廓； 使用油漆桶工具上色； 修改图层透明度，绘制高光效果
3	亮面		使用钢笔工具绘制亮面轮廓； 使用油漆桶工具上色； 修改图层透明度，绘制高光效果； 使用添加杂色制造阴影部分塑料质感
4	出水口		使用钢笔工具和椭圆选框工具绘制出水口轮廓； 使用渐变工具制造金属质感
5	细节		添加素材中的"出水口高光"，使用自由变换工具修改大小

9.2 绘制保温壶的具体步骤

❶ 新建文件。打开Photoshop软件，执行"文件>新建"命令（快捷方式：按住Ctrl键的同时双击背景空白处），在弹出的"新建"对话框中，新建A4文档（"宽度"210毫米，"高度"297毫米，"分辨率"300像素/英寸），并将其命名为"保温壶"。

❷ 绘制主体轮廓。置入"素材09\保温壶",如图9-2所示。新建一个图层,并命名为"主体轮廓",使用钢笔工具,勾勒出主体轮廓路径,如图9-3所示,并在"路径"面板中选中图层,单击"图层"面板底部的"将路径作为选区载入" ⬚按钮。

❸ 绘制主体渐变色。选择渐变工具,将色带调为如图9-4所示,横向上色,如图9-5所示。并选择单个加深工具的图标,对图形明暗进行适当过渡调整。

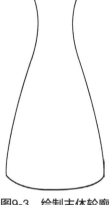

图9-2　保温壶　　图9-3　绘制主体轮廓　　　　图9-4　设置渐变　　　　图9-5　填充渐变

提示:如果对圆球和圆柱等回转体进行仔细观察,就会发现,它们的转折消失面往往比较虚,所以绘制其选区轮廓时,首先要对选区进行一定程度的羽化,这样绘制出来的圆柱或球体的立体感才会更强,更为真实和自然。

❹ 绘制壶身右侧受光面。新建图层,并将其命名为"壶身受光面1",使用工具箱中的钢笔工具绘制路径轮廓,如图9-6所示。选择渐变工具选区颜色,如图9-7所示。将图层不透明度设置为83%,如图9-8所示。

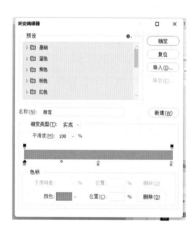

图9-6　绘制路径轮廓　　　　　图9-7　设置渐变　　　　　图9-8　设置不透明度

⑤ 绘制壶身左侧受光面。新建图层，并将其命名为"壶身受光面2"，选择钢笔工具绘制相应路径，具体形状如图9-9所示。填充浅粉色，利用橡皮调整高光虚实，如图9-10所示。

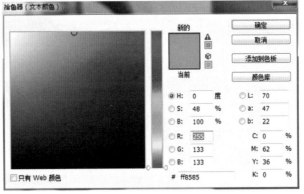

图9-9　绘制路径　　　　　　　　　　　　图9-10　调整高光

⑥ 绘制壶底转折面。新建图层，并将其命名为"壶底转折面"，在工具箱中使用钢笔工具绘制一个选区，然后选择渐变工具对选区进行填充，选区渐变工具对图层由左到右进行填充，效果如图9-11所示。

⑦ 绘制壶口。新建图层，并将其命名为"壶口向上面"，在工具箱中选择椭圆选框工具，画出如图9-12所示的椭圆，并添加渐变效果。

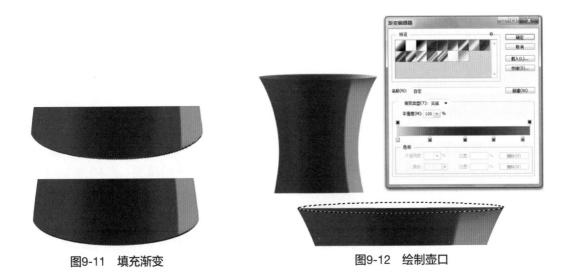

图9-11　填充渐变　　　　　　　　　　　图9-12　绘制壶口

⑧ 绘制壶口内侧。新建图层，并将其命名为"壶口内侧"，在工具箱中选择椭圆选框工具，画出椭圆，并填充深红色，效果如图9-13所示。

⑨ 绘制出水口外侧。新建图层，并将其命名为"出水口颈"，在工具箱中选择钢笔工具，绘制一个选区，然后选择渐变工具，对选区进行填充，效果如图9-14所示。

图9-13 绘制壶口内侧

⑩ 绘制出水口厚度。新建图层，并将其命名为"出水口内侧"，在工具箱中选择椭圆工具，画出椭圆，选择直接选择工具，调整椭圆透视，符合近大远小规律，右击图层，添加图层样式，如图9-15所示。

⑪ 绘制出水口内侧。复制"出水口朝上面"，并将其重命名为"出水口转侧面"，选择直接选择工具，调整图形及图层样式，如图9-16所示。

⑫ 绘制反光。新建图层，并将其命名为"出水口反光"，在工具箱中选择钢笔工具，画出路径，填充渐变工具，如图9-17所示。

图9-14 绘制出水口外侧

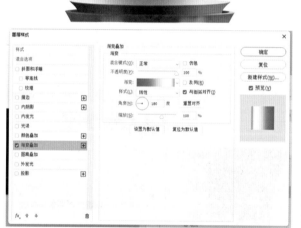

图9-15 绘制出水口厚度

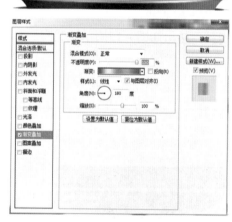

图9-16 绘制出水口内侧

⑬ 添加高光。将素材内的"出水口高光"放在壶口处，效果如图9-18所示。

⑭ 绘制把手形体。新建图层，并将其命名为"把手"，在工具箱中选择椭圆选框工具，绘制一个把手状选区，然后选择渐变工具径向填充，如图9-19所示。执行"滤镜>模糊>高斯模糊"命令，半径设为9.8像素。执行"滤镜>杂色>添加杂色"命令，数量设为10%。

⑮ 绘制把手投影。新建图层，并将其命名为"把手投影"，选择钢笔工具，绘制投影并填充，如图9-20所示。

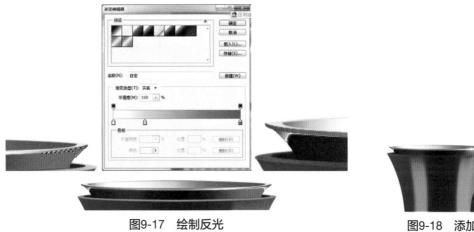

图9-17 绘制反光

图9-18 添加高光

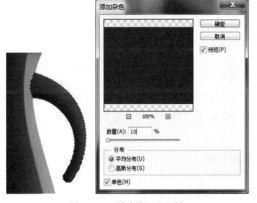

图9-19 绘制把手形体

图9-20 绘制把手投影

⓰ 绘制把手连接面。新建图层，并将其命名为"把手连接面"，选择钢笔工具绘制填色，效果如图9-21所示。

⓱ 绘制把手高光。选择工具箱中的钢笔工具，绘制出把手高光的路径，并使用渐变工具填充，用橡皮工具调整虚实，如图9-22所示。

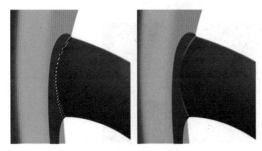

图9-21 绘制把手连接面

图9-22 绘制把手高光

⑱ 制作倒影层。选中壶身图层并拉至"图层"
面板底部的创建新图层按钮，如图9-23所示，并将
新建图层命名为"壶身倒影"，拖至"壶身"图层下
方。选中"壶身倒影"图层，执行"编辑>变换>垂
直反转"命令，按Shift键并将图形拖至如图9-24所示位置。

图9-23　复制图层

⑲ 调整倒影层。选中"壶身倒影"，单击"图层"面板下方的添加矢量蒙版按钮◨，
选中"图层蒙版缩略图"，使用渐变工具，颜色如图9-25所示，自下向上填充渐变，将
"壶身倒影"不透明度改为35%，如图9-26所示。

图9-24　制作倒影层

图9-25　使用黑白渐变填充
倒影图层等图层蒙版

图9-26　图层倒影效果

⑳ 添加背景。选中"背景"图层，选择矩形选框工具，绘制如图9-27所示图形；
选择油漆桶工具，填充黑色。

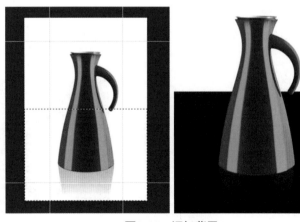

图9-27　添加背景

9.3 案例小结及课后拓展训练

通过本案例的学习，对以下知识点、技能点有了更熟练的掌握：

☑   能熟练使用钢笔工具绘制图像；

☑   能使用渐变工具绘制图像；

☑   能使用加深、减淡工具呈现物体的立体感；

☑   能使用蒙版工具绘制物体倒影。

通过本章的学习，已经了解了绘制保温壶效果图的一般流程和方法，加强了对高光泽塑料材质的表现手法训练。在此基础上，可通过以下同类型案例进行巩固学习。

Photoshop为产品效果图的绘制提供了无限的可能，这不仅需要我们对常见的命令和工具进行认真练习，还需要对客观事物的观察和日常经验的积累。因此，在日常生活中，要多留意和观察不同的产品，分析比较各自特点，从而为设计创作积累经验。根据本章所学技能，绘制如图9-28所示洒水壶。

图9-28　洒水壶

10

产品绘制表现：
水龙头

⧗ 实训内容：绘制水龙头

⧗ 课时分配：4 课时

🖉 教学目标

知识目标　1. 掌握产品绘制流程。
　　　　　　2. 掌握金属材质表现手法。
　　　　　　3. 掌握产品光影及细节的体现方法。

能力目标　1. 能独立绘制水龙头效果图。
　　　　　　2. 能在教师分析下绘制同类产品。

思政目标　通过水龙头绘制，培养学生耐心、细致、心手合
　　　　　　一的职业素养。

10.1.1 产品绘制整体思路

　　本章要学习绘制的是不锈钢水龙头，如图10-1所示。此款产品主要的是要表达高光泽不锈钢材质效果。高光泽金属材质光洁度较高，触感硬朗，色彩的明暗对比强烈，在描绘时要抓住明暗交界线的变化，明暗过渡的层次要清晰简练，笔触肯定、果断和规整。

10.1.2 绘制流程分解

　　绘制流程及部件分解见表10-1。

图10-1　水龙头效果图

表10-1　绘制流程及部件分解

序号	步骤	绘制效果	所用工具及要点说明
1	绘制轮廓		使用钢笔工具绘制水龙头各面的外形轮廓
2	底层模型		使用油漆桶工具绘制结构面

序号	步骤	绘制效果	所用工具及要点说明
3	水龙头材质处理		使用渐变工具上色； 使用画笔工具和橡皮擦工具绘制金属光泽； 使用减淡工具制造金属质感
4	细节反光		使用涂抹工具绘制反光细节； 使用画笔描边路径工具绘制结构线效果
5	阴影	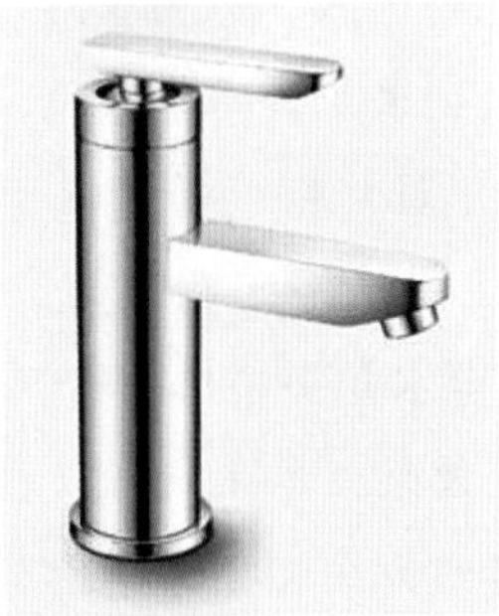	通过高斯模糊绘制阴影； 使用油漆桶丰富背景

10.2 绘制水龙头的具体步骤

❶ 新建文件。打开Photoshop软件，按住Ctrl键，同时双击背景空白处，在弹出的"新建"对话框中，设置文件的"宽度"为210毫米，"高度"为297毫米，"分辨率"为300像素/英寸，并将其命名为"水龙头"。

❷ 导入素材。打开"素材10\水龙头"，并将素材的填充度设置为50%，以便为绘制水龙头形体轮廓时提供参考，如图10-2所示。

说明：在真正产品设计工作中，此处导入的应该是水龙头设计手稿。为了练习方便，导入图片作为绘制形体轮廓的参考。

❸ 绘制水龙头形体轮廓路径。用工具箱中的钢笔工具绘制水龙头外轮廓，每绘制完一个区域的封闭路径，就单击路径面板上的新建路径按钮⊞，创建新的路径。最终绘制出水龙头各个部位的路径，如图10-3所示。

图10-2　降低不透明度　　　　　图10-3　绘制路径

❹ 填充底色。在"路径"面板中保存路径，单击路径面板底部的"将路径作为选区载入"按钮⬚，把绘制好的路径转化为选区，然后返回"图层"面板，新建图层，填充各种深度的灰色。重复上述方法，绘制水龙头基础颜色，如图10-4所示。

❺ 绘制圆柱立体效果。选择渐变工具，将色带调整为如图10-5所示效果，使用矩形选框工具绘制矩形选区，使用渐变工具从左向右填充，绘制渐变。然后对选区执行"编辑>变换>扭曲"命令，将选区调整至水龙头主体位置，如图10-6所示。

提示：使用渐变工具中的线性渐变效果，单击鼠标，在画布上画出一条直线后松开鼠标，渐变色带中的颜色会根据这条直线方向在画布中均匀展示渐变色。而水龙头主体微带透视，上大下小，因此，需先画一个相似矩形框，进行渐变填充后，再将此矩形变形。

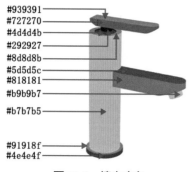

图10-4　填充底色

图10-5　渐变设置

图10-6　调整主体

⑥ 删除多余部分。按住Ctrl键单击圆柱轮廓的缩略图，形成选区，再单击"圆柱侧面"图层，并且执行"选择>反向"命令，或按Shift+Ctrl+I组合键，按Delete键删除选区内的内容，效果如图10-7所示。

⑦ 绘制底座。选中绘制的圆柱侧面图层，绘制矩形选区，如图10-8所示。执行Ctrl+C复制选区，Ctrl+V粘贴选区。放大新复制的图层，使其宽度与水龙头底座一致，如图10-9所示。选中水龙头底座侧面的路径，载入选区，执行"选择>反向"命令，删除多余的区域，如图10-10所示。

⑧ 绘制小圆柱及出水口。同上一步方法，绘制小圆柱及出水口金属质感，如图10-11所示。

⑨ 绘制连接球。使用椭圆工具绘制连接球，如图10-12所示；填充灰色，如图10-13所示。删除多余部分，使用加深、减淡工具涂抹椭圆，得到立体效果，如图10-14所示。

图10-7　删除多余部分

图10-8　矩形选区

图10-9　复制选区

图10-10　删除多余部分

图10-11　绘制小圆柱及出水口

图10-12　矩形椭圆选区

图10-13　填充选区

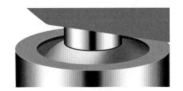
图10-14　完成连接球绘制

⑩ 绘制金属质感。对照水龙头图片，使用减淡工具对水龙头表面进行涂抹绘制，最终效果如图10-15所示。

提示：在使用减淡工具时，按住Alt键则为加深。

⑪ 绘制圆柱光影。将图形截取一部分，并执行"编辑>变换>扭曲"命令，将填充修改为79%，如图10-16所示。选择橡皮擦工具擦除多余部分，使得阴影通透，如图10-17所示。用涂抹工具调整绘制光影，效果如图10-18所示。用同样的方法绘制水龙头其他部位的扭曲光影效果，如图10-19所示。

⑫ 绘制水龙头顶部反光。复制水龙头把手连接处的小圆柱图层，将图层不透明度设为79%，执行Ctrl+T自由变换，将图层变形为如图10-20所示。然后载入水龙头顶部选区，执行"选择>反选"命令，按Delete键删除多余像素，如图10-21所示。再次执行"选择>反选"命令，使用涂抹工具涂抹阴影部分，效果如图10-22所示。

图10-15 使用减淡工具绘制水龙头表面

图10-16 填充修改

图10-17 通透阴影

图10-18 绘制扭曲光影

图10-19 绘制其他扭曲光影效果

图10-20 复制图层并变形

图10-21 删除多余像素

图10-22 涂抹阴影部分

⑬ 绘制小圆柱倒影。复制水龙头把手连接处的小圆柱图层，执行"编辑>变换>扭曲"命令，修改图形，效果如图10-23所示。选择橡皮擦工具将下半部分擦除，再选择涂抹工具将边缘处理圆润，并且使用加深工具修改，效果如图10-24所示。

图10-23　复制图层并变形

图10-24　用涂抹工具绘制倒影

⑭ 绘制水龙头结构线。绘制水龙头顶部结构线路径，如图10-25所示。选择画笔工具，大小设为4像素，颜色为黑色，新建一个图层，并单击，在"路径"面板下方用画笔描边路径，效果如图10-26所示。

⑮ 绘制水龙头结构线高光。新建图层，用白色进行路径描边。再复制白色路径描边图层，将两个白色描边图层分别向上和向下移动两个像素，其中一个白色描边图层移至黑色路径描边图层下方。使用边缘羽化的橡皮擦工具擦除部分白色描边，使高光更自然。最终效果如图10-27所示。

图10-25　路径绘制

图10-26　路径描边

图10-27　绘制高光效果

⑯ 用同样的方法绘制水龙头其他部位的结构线，效果如图10-28所示。

⑰ 添加阴影。选择底座模板的图层，复制并命名为"深色投影"，将图层向右下方偏移，执行"滤镜>模糊>高斯模糊"命令，半径设为6.3像素，再执行"图像>调整>色相和饱和度"命令，或按Ctrl+u组合键，将明度改为-100，效果如图10-29所示。将"深色投影"复制并命名为"投影"，执行"滤镜>模糊>高斯模糊"命令，半径设为114.8像素，将图层向右下偏移，并使用橡皮擦工具擦去靠近后方过多的阴影，最终效果如图10-30所示。

图10-28　绘制其他部位的
结构线

⑱ 使用油漆桶工具在"背景"图层上一层浅灰，增加其融入感，最终效果如图10-31所示。

图10-29　底座阴影　　　图10-30　添加投影　　　图10-31　最终效果图

10.3 案例小结及课后拓展训练

通过本案例的学习，对以下知识点、技能点有了更熟练的掌握：

☑　能使用渐变工具绘制图像的金属感效果；
☑　能使用滤镜工具绘制物体阴影效果；
☑　能使用图层工具绘制结构线立体感。

通过本章的学习，已经了解了绘制水龙头效果图的一般流程和方法，加强了对高光泽不锈钢材质的表现手法的掌握。在此基础上，可通过以下同类型案例进行巩固学习，达到提升举一反三的知识迁移能力的目的。根据本章所学Photoshop技能，绘制如图10-32所示水壶。

图10-32　水壶

11

产品海报绘制：
儿童磨石机

⧗ 实训内容：儿童磨石机海报绘制

⧗ 课时分配：4 课时

🎨 教学目标

知识目标　1. 掌握产品绘制的流程和方法。
　　　　　　2. 掌握环境光影效果绘制、背景合成等方法。
　　　　　　3. 掌握海报设计图文排版的方法。

能力目标　1. 能独立绘制儿童磨石机海报。
　　　　　　2. 能在教师分析下绘制同类产品海报。

思政目标　通过绘制产品海报，培养学生精益求精的工匠精神。通过完整项目的实践，激发学生的职业成就感和使命感。

绘制主体　　绘制细节　　添加背景

11.1.1 产品绘制整体思路

本章要学习绘制的是儿童磨石机海报，如图11-1所示。此款产品外形较为复杂，需表现两种不同材质，表现起来相对较复杂，机身为高光泽塑料材质效果，高光泽塑料材质因表面光滑且坚硬而会产生大面积的光影效果，在绘制时既要保证光影轮廓的清晰和肯定，同时又要避免过于生硬和表面化；上面的旋转桶为橡胶材质，高光处较为明显，暗部相对柔和，注意其底部反光部分。

11.1.2 绘制流程分解

儿童磨石机绘制思路见表11-1。

图11-1　磨石机海报效果图

表11-1　绘制流程及部件分解

序号	步骤	绘制效果	所用工具及要点说明
1	绘制路径		使用钢笔工具绘制所有外轮廓
2	填充色块		使用填充工具绘制色块
3	赋予立体感		使用钢笔工具绘制高光、暗部轮廓；使用油漆桶工具上色；修改图层透明度，绘制高光效果；使用加深、减淡工具绘制立体感，使产品更真实；使用混合模式绘制立体感，使产品更真实

序号	步骤	绘制效果	所用工具及要点说明
4	深化细节		使用描边路径绘制细节； 使用加深、减淡及模糊工具绘制细节，使产品更真实
5	添加文字图案		使用油漆桶工具上色； 修改图层透明度，绘制外罩效果； 复制外罩图层； 添加文字、图案效果
6	加入背景图案		添加背景素材，调节色彩平衡、色彩饱和度，绘制暗角
7	加入标题和标志		添加标题和标志

① 新建文件。打开Photoshop软件，执行"文件>新建"命令（快捷方式：按住Ctrl键的同时双击背景空白处），在弹出的"新建"对话框中，设置文件的"宽度"为790像素，"高度"为1400像素，"分辨率"为300像素/英寸。导入"磨石机"，然后将素材的填充度设置为50%，如图11-2所示。

图11-2　导入"素材磨石机"

② 绘制路径（旋转桶路径）。使用钢笔工具绘制磨石机外轮廓，如图11-3所示。调整完成后切换到"路径"面板，单击路径面板中的路径，单击"确定"，保存路径。

③ 绘制路径。单击路径面板中的新建路径按钮，创建新的路径。然后绘制磨石机其他部位的路径。每绘制一个部分的路径都新建一个路径文档，如图11-4所示。

图11-3　绘制旋转桶路径

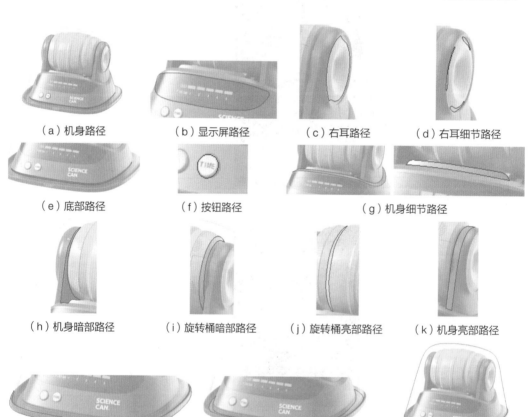

（a）机身路径　　　　（b）显示屏路径　　　　（c）右耳路径　　　　（d）右耳细节路径

（e）底部路径　　　　（f）按钮路径　　　　　（g）机身细节路径

（h）机身暗部路径　　（i）旋转桶暗部路径　　（j）旋转桶亮部路径　　（k）机身亮部路径

（l）底部细节路径　　　　　　　　　　　　　　　　　　　　（m）外罩路径

图11-4　绘制磨石机路径

④ 填充色块。创建一个新图层，并选中，转换至路径界面，按住Ctrl键并单击磨石机旋转桶路径的缩略图，创建选区；设置前景色#cf9a09，填充选区，效果如图11-5所示。

⑤ 按步骤④的方法分别将其余部分进行填充，如图11-6至图11-16所示，最终填充效果如图11-17所示。

图11-5　填充旋转桶色块
（#cf9a09）

图11-6　填充机身色块
（#292c2e）

图11-7　绘制显示屏色块
（#1f1e1d）

图11-8　绘制右耳色块
（#838685）

图11-9　绘制右耳细节色块
（#00aec6）

图11-10　机身细节色块
（#474c52）

图11-11　机身细节色块
（#4b5155）

图11-12　绘制机身暗部色块
（#2b2c2e）

图11-13　绘制旋转桶暗部
（#b98109）

图11-14　绘制底部细节色块
（#464c51）

图11-15　绘制底部细节色块
（#747779）

图11-16　绘制旋转桶暗部

⑥ 绘制立体效果。使用加深、减淡工具对磨石机各部件进行绘制，使其有立体感。执行"滤镜>杂色>添加杂色"命令，数量设为10%，制造阴影部分塑料质感，效果如图11-18所示。

⑦ 绘制反光。使用矩形选框工具并新建图层填充白色，将其变形拉至对应位置，修改图层透明度，绘制反光效果，如图11-19所示。

⑧ 擦除反光边缘。使用橡皮擦工具，调节橡皮擦透明度为37%，硬度为0%，大小为432像素，涂抹反光部分边缘，执行"滤镜>模糊>高斯模糊"命令，半径设为9.8像素，使其与机身贴合，效果如图11-20所示。

图11-17　填充色块后　　图11-18　绘制立体感　　图11-19　绘制反光　　图11-20　橡皮擦擦除
　　　　　效果图　　　　　　　　　　　　　　　　　　　　　　　　　　　　　反光边缘

⑨ 绘制高光、暗部细节。使用加深、减淡工具进行绘制，分别绘制其高光与暗部，如图11-21和图11-22所示。

⑩ 绘制按钮。双击按钮图层的后方，在弹出的"图层样式"对话框中勾选"斜面和浮雕"复选框，如图11-23所示。

⑪ 绘制旋转桶细节。使用钢笔工具绘制路径，框选路径并剪切粘贴框选区域，双击复制图层，在弹出的"图层样式"对话框中勾选"斜面和浮雕"复选框，去除全局光效果，如图11-24所示。继续使用钢笔工具绘制路径，新建图层，描边路径，双击图层，在弹出的"图层样式"对话框中勾选"斜面和浮雕"，如图11-25所示。

⑫ 绘制透明外罩。选中框选外罩路径，新建图层，填充白色，降低透明度为

图11-21　高光细节

图11-22　暗部

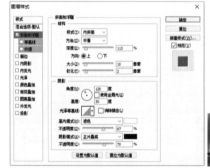
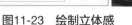
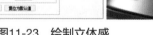

图11-23　绘制立体感

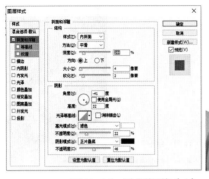

图11-24 绘制细节（1）

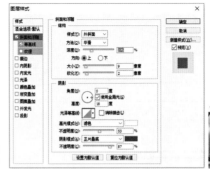

图11-25 绘制细节（2）

26%，使用橡皮擦工具，擦除中间物体部分，最后在底座上添加文字和刻度装饰，效果如图11-26所示。

⑬ 为海报绘制背景和细节。新建文档，宽度790像素，高度1404像素，分辨率72像素/英寸。置入"素材11\背景"，置入"素材11\沙漠"，将两张图拼接在一起作为背景，如图11-27所示。

图11-26 磨石机最终效果

⑭ 调整背景色调。选中"素材11\背景"图层，单击"创建调整图层"按钮●.，添加"曲线"和"色相/饱和度"调整图层，具体参数如图11-28所示；选中"素材11\沙漠"图层，添加"色相/饱和度"和"色彩平衡"调整图层，参数如图11-29所示，得到效果如图11-30所示。

⑮ 置入"素材11\石头1"，添加调整图层，如图11-31所示，抠出"素材11\石头2"，添加调整图层，如图11-32所示。

⑯ 置入绘制好的磨石机，为"磨石机"图层添加调整图层，参数如图11-33所示。

⑰ 绘制磨石机的高光和反光。置入"素材11\高光"，为磨石机添加高光；同时，

图11-27 置入背景
素材

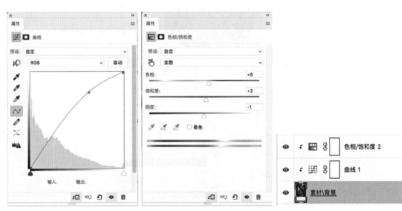

图11-28 为"素材11\背景"图层添加调整图层

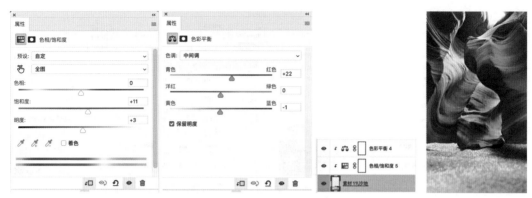

图11-29 为"素材11\沙漠"图层添加调整图层

图11-30 调整图像颜色

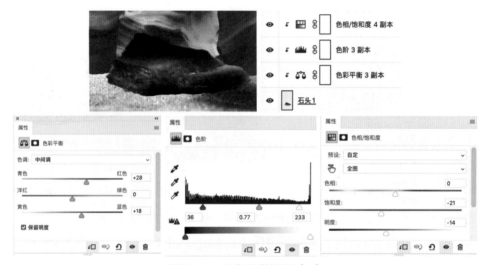

图11-31 添加调整图层（1）

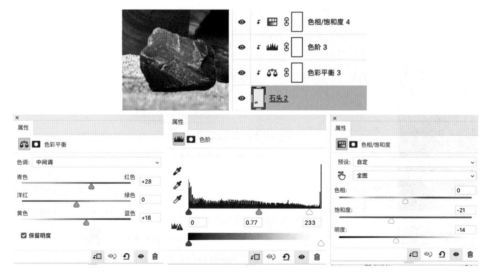

图11-32 添加调整图层（2）

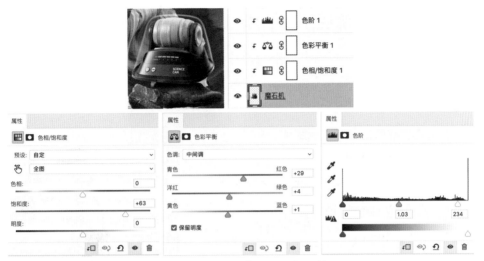

图11-33　为"磨石机"图层添加调整图层

绘制添加外壳表面的反光，如图11-34所示。

⑱ 为画面添加暗角。新建图层，命名为暗角。填充图层颜色为#6d230f，用橡皮擦擦除中间的区域，露出画面内容，留下四边的角落。设置图层混合模式为正片叠底，效果如图11-35所示。

⑲ 添加"素材11\宝石装饰"，将宝石移到合适位置，装点画面，如图11-36所示。

⑳ 绘制阳光洒落效果。使用矩形选框工具绘制长条黄色矩形，执行"滤镜>模糊>高斯模糊"命令，制作一道阳光。不透明度设置为40%，图层混合模式为穿透。复制多道阳光，制造光线洒落的效果，如图11-37所示。

㉑ 添加标题文字，为文字图层添加投影的图层样式，在海报右下角添加标志，最终效果如图11-38所示。

图11-34　添加高光

图11-35　添加暗角

图11-36　添加宝石装饰

图11-37　绘制光线
洒落效果

图11-38　最终效果

11.3 案例小结及课后拓展训练

通过本案例的学习，对以下知识点、技能点有了更熟练的掌握：

☑ 能使用钢笔工具绘制轮廓线；

☑ 能使用填充工具绘制色块；

☑ 掌握加深、减淡工具的操作及制作的效果；

☑ 能通过路径描边绘制光感效果；

☑ 能设置画笔预设并运用画笔工具。

通过本章的学习，掌握了产品绘制的方法和海报合成的方法。本章的重点是掌握素材色彩的调整和光影的绘制，使产品融入背景环境，合成自然的画面效果。可以通过如图11-39所示案例拓展练习来巩固本章所学内容。

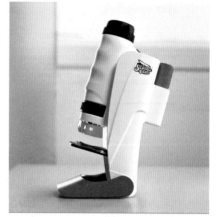

图11-39　专业台式显微镜

12

产品海报绘制：
儿童种植盆

⧗ 实训内容：绘制儿童种植盆

⧗ 课时分配：4 课时

教学目标

知识目标 1. 强化产品绘制技巧。
2. 掌握玻璃材质光影及细节的表现手法。
3. 强化产品海报合成的表现方法。

能力目标 1. 能独立绘制种植盆效果图。
2. 能在教师分析下绘制同类产品海报。

思政目标 通过种植盆项目，培养学生"匠心精益、创新智造"的职业素养。

绘制主体　　　　绘制细节　　　　添加背景

12.1.1 产品绘制整体思路

　　Photoshop被广泛应用于产品绘制和海报合成。本章主要介绍玻璃材质产品绘制及宣传海报制作的要领。本章要学习绘制的是儿童种植盆海报，最终效果如图12-1所示。此款产品盆身为光面塑料材质，上方为玻璃材质，具有较高的光泽度。在背景的处理上，需整合多张背景素材，操作具有一定难度。

　　本案例主要的是要表达玻璃罩材质的光泽质感以及产品海报背景的制作。玻璃材质具有透明、高反光的效果，因而在表现其明暗及光影变化时尽量更强烈一些，需要表现出较为集中的光线效果。

图12-1　儿童种植盆效果图

12.1.2 绘制流程分解

　　绘制思路见表12-1。

表12-1　儿童种植盆绘制思路

序号	步骤	绘制效果	所用工具及要点说明
1	绘制路径		使用钢笔工具绘制产品结构线与外轮廓
2	填充色块		使用路径工具将路径作为选区载入需填充区域； 使用油漆桶工具填充上色

序号	步骤	绘制效果	所用工具及要点说明
3	赋予立体感	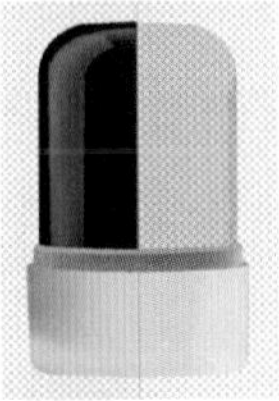	使用加深、减淡工具营造产品立体感；使用混合选项继续调整、强化产品立体感
4	深化细节	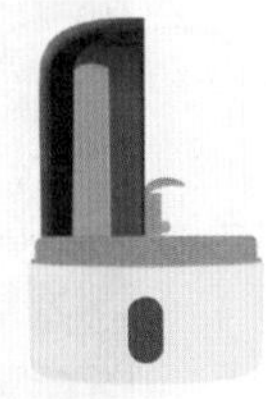	使用渐变工具进行上色；使用画笔工具和橡皮擦工具优化底座细节，营造光泽感；使用减淡工具绘制玻璃罩的反光质感
5	添加背景		添加素材背景，通过明暗对比体现不同光线下的产品质感

12.2 绘制儿童种植盆海报的具体步骤

❶ 新建文件。打开Photoshop软件，按住Ctrl键的同时双击背景空白处，在弹出的"新建"对话框中，设置文件的"宽度"为750像素，"高度"为1000像素，"分辨率"为300像素/英寸，并将其命名为"儿童种植盆"。

❷ 绘制主体轮廓。导入"素材12\瓶子"，然后将素材的填充度设置为50%，如图12-2所示。

说明： 在真正产品设计工作中，此处导入的应该是植物盆的设计手稿。为了练习方便，导入图片作为绘制形体轮廓的参考。

❸ 描摹玻璃罩路径。使用钢笔工具描摹种植盆外轮廓，如图12-3所示。描摹完成后切换到"路径"面板，双击路径面板中的路径，跳出存储路径对话框，并将名称重命名为"玻璃罩"。

④ 描边玻璃罩轮廓。新建图层并命名为"玻璃罩"，将画笔工具大小设置为4像素，硬度为100%，如图12-4所示；将前景色设置为黑色，切换到"路径"图层面板，右击"外轮廓"路径，执行"描边路径"命令，如图12-5所示。

⑤ 描摹种植盆路径。单击路径面板中的新建路径按钮⊞，创建新的路径，然后绘制出种植盆其他部位的路径。每绘制一个部分的路径都新建一个路径文档，如图12-6所示。

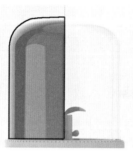

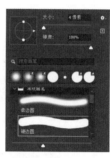

图12-2　导入"素材12\瓶子"　　图12-3　描摹产品路径　　图12-4　画笔设置　　图12-5　路径描边

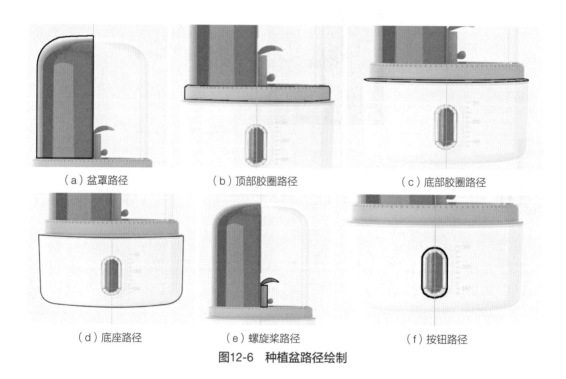

（a）盆罩路径　　　　　　　（b）顶部胶圈路径　　　　　　　（c）底部胶圈路径

（d）底座路径　　　　　　　（e）螺旋桨路径　　　　　　　　（f）按钮路径

图12-6　种植盆路径绘制

⑥ 填充种植盆颜色。创建并选中新图层；转换至路径界面，按住Ctrl键并单击玻璃罩路径的缩略图，创建选区；设置前景色为#151515，并对其进行填充。并按此方法依次将种植盆胶圈、底座及按钮进行填充，颜色分别为#6c9536、#d1d3c9、#464742，如图12-7至图12-11所示。

⑦ 绘制高光效果。新建一个图层，命名为"玻璃罩高光"，转换至路径面板，找到并右击"玻璃罩高光路径"，建立选区，如图12-12所示；将前景色设置为白色，执行"填充"命令，效果如图12-13所示。

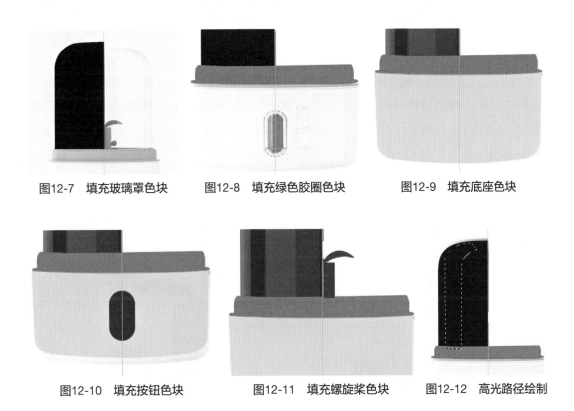

图12-7　填充玻璃罩色块　　　图12-8　填充绿色胶圈色块　　　图12-9　填充底座色块

图12-10　填充按钮色块　　　图12-11　填充螺旋桨色块　　　图12-12　高光路径绘制

⑧ 绘制种植盆光泽感。新建一个图层，命名为"高光"，执行"滤镜>模糊>高斯模糊"命令，半径设为30像素，将图像向右下偏移，并使用橡皮擦工具做出层次感，如图12-14所示。用画笔和橡皮擦工具绘制玻璃罩明暗关系，设置画笔大小、硬度，如图12-15所示。设置画笔和橡皮擦参数如图12-16和图12-17所示。

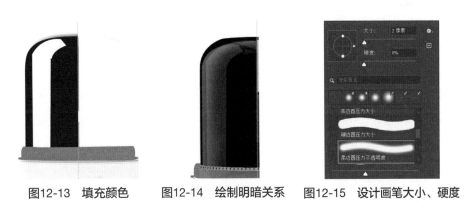

图12-13　填充颜色　　　图12-14　绘制明暗关系　　　图12-15　设计画笔大小、硬度

图12-16　画笔参数设置

图12-17　橡皮擦参数设置

❾ 优化立体感。将"种植盆"图层填充改为10%，观察需要修改的部分，使用加深、减淡工具进行绘制，分别对种植盆各部位的明暗关系和光感效果进行优化，如图12-18至图12-22所示。

说明：在使用减淡工具时，按住Alt键则为加深。

图12-18　透明玻璃面光感处理

图12-19　螺旋桨明暗处理

图12-20　绿色胶圈明暗处理

图12-21　底座明暗光感处理

图12-22　按钮明暗处理

❿ 绘制圆柱玻璃质感。使用渐变工具自左向右填充，效果如图12-23所示，再执行"编辑>变换>扭曲"命令，将选区调整至玻璃内圈位置；按住Ctrl键单击圆柱轮廓的缩略图，形成选区，再单击"圆柱侧面"图层，并且执行"选择>反向"命令，或按Shift+Ctrl+I组合键，按Delete键删除选区内的内容，效果如图12-24所示。

说明：使用渐变工具中的线性渐变效果，单击鼠标，在画布上画出一条直线后松开鼠标，渐变色带中的颜色会根据这条直线方向在画布中均匀展示渐变色。

⑪ 按钮细节刻画。用矩形工具绘制一个红色刻度线，如图12–25所示；用画笔工具绘制两侧孔洞，如图12–26所示。

⑫ 绘制产品刻度。首先绘制绿色螺旋桨上的刻度。用圆角矩形工具绘制刻度线，按Alt键逐个复制刻度线，再用文字工具绘制具体刻度数值，填充的颜色与螺旋桨颜色一致。用加深减淡工具绘制刻度和数值的明暗效果，如图12–27所示。然后用同样的方式绘制种植盆底座上的刻度，填充刻度颜色为#505843，不需要表现立体效果，效果如图12–28所示。

图12-24　透明玻璃内圈光感处理

图12-23　渐变设置

图12-25　按钮细节刻画

图12-27　刻度线刻画（1）

图12-26　画笔颜色参数

图12-28　刻度线刻画（2）

⑬ 强化螺纹效果。用椭圆工具绘制椭圆，使用油漆桶工具填充灰绿色（#6e8369），复制一个椭圆，填充白色（#ffffff），并根据以上步骤再做一层，用橡皮擦工具调整明暗，如图12-29所示。

图12-29　最终效果

⑭ 制作背景。在背景图层上导入背景图素材"素材12\背景1""素材12\背景2"和"素材12\云朵"，调整图片大小，并移动到合适位置，再用画笔工具处理云彩效果，如图12-30所示。导入"素材12\草地"，移动到合适位置，并导入"素材12\logo"，如图12-31所示。

⑮ 调整背景色调。运用矩形工具绘制一个矩形，填充前景色为黑色，透明度调到50%，如图12-32所示。

图12-30　导入背景素材

图12-31　导入草地素材和logo

图12-32　最终效果

12.3 案例小结及课后拓展训练

通过本案例的学习，对以下知识点、技能点有了更熟练的掌握：

☑ 能使用钢笔工具绘制轮廓线；

☑ 能使用填充工具绘制色块；

☑ 掌握加深、减淡工具的操作及制作效果；

☑ 能通过路径描边绘制光感效果；

☑ 能设置画笔预设，并运用画笔工具。

通过本章的学习，已经了解了绘制儿童种植盆效果图的一般流程和方法，加强了对玻璃材质的表现手法训练。在此基础上，通过以下同类型案例（图12-33）进行巩固学习，提升绘制任意产品效果图及海报效果的能力。

图12-33　课后拓展示例